制造业先进技术系列

铝合金钻杆制造技术及工程应用

岳文　梁健　孙建华　著

机 械 工 业 出 版 社

第 5 章介绍了铝合金钻杆生产工艺，包括杆体制造工艺、接头装配工艺和全尺寸铝合金钻杆性能试验。

第 6 章介绍了铝合金钻杆表面强化技术，包括超声表面滚压加工、微弧氧化处理及超声表面滚压与微弧氧化复合强化。

第 7 章介绍了铝合金钻杆使用规程及其在地质钻探、科学钻探、油气钻井领域的工程应用和生产应用，并对铝合金钻杆技术进行了经济性分析和展望。

本书是在中国地质科学院勘探技术研究所承担的中国地质调查局地质调查项目“地质岩心钻探铝合金钻杆研究”“地质勘查深孔用高强度铝合金钻杆开发应用”、国家自然科学基金项目“高温环境下铝合金钻杆磨损失效及防护机制研究”“科学超深井铝合金钻杆的腐蚀防护机制研究”和国家重点研发计划项目课题“高性能薄壁绳索取心钻杆研制”等项目成果基础上完成的。同时，相关章节的工作成果得到了科研合作单位和科研人员的帮助与付出，感谢中国地质科学院勘探技术研究所尹浩、李鑫淼对第 4 章接头等强度设计与性能测试提供的相关支持工作；感谢吉林麦达斯铝业有限公司王立臣、李宝，哈尔滨中飞新技术股份有限公司单长智、李亚红、马春雨和无锡钻探工具厂有限公司彭莉、蔡纪雄对第 5 章铝合金钻杆生产工艺提供的技术支撑；感谢中国地质大学（北京）王成彪、康嘉杰、刘俊秀、伊鹏和北京石油化工学院顾艳红、赵杰对第 6 章铝合金钻杆表面强化技术的样品制备与性能测试提供的相关支持工作；感谢中国地质科学院勘探技术研究所张金昌、冉恒谦、谢文卫、朱永宜、王稳石等对第 7 章铝合金钻杆在松科二井工程应用提供的技术支撑与指导；感谢吉林大学孙友宏、刘宝昌等在铝合金钻杆制造与工程应用方面的技术指导。

本书中既有相关试验数据，又有实际生产应用，同时参考吸收了国内外同行学者的研究工作，但因作者水平有限，难免有疏漏和不足之处，敬请各位同行专家和广大读者不吝指教，提出宝贵意见和建议。

作者

于北京

目录 CONTENTS

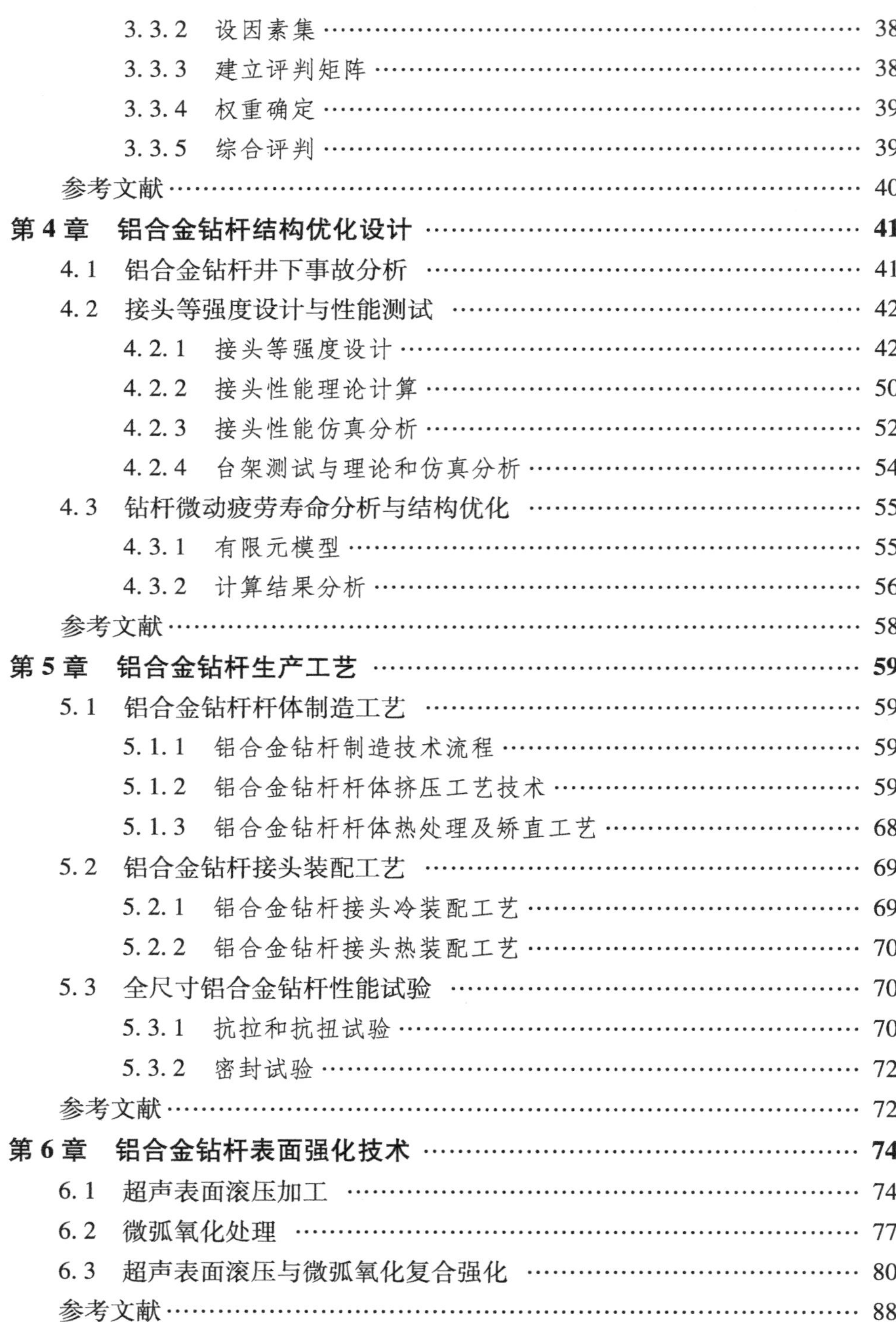

管体和加厚端的规格尺寸及允许偏差，应与下列图表一致：

1）对于带外加厚端的管体应符合表2-15（见图2-7）。

表2-15　两端外加厚铝合金钻杆

管体尺寸/mm			计算质量		加厚端尺寸/mm				
							加厚端长度 L_{eu}		过渡带
外径 D_{dp} ±1%	壁厚 t_{dp} ±10%	内径 d_{dp}	外平管体 /(kg/m)	两加厚端 /kg	壁厚 t_u ±10%	外径 D_u	母螺纹端 $^{+150}_{-100}$	公螺纹端 $^{+50}_{-50}$	长度（两端）$L_1{}^{+300}_{-450}$
90	8	74	5.77	4.00	13.0	$100^{+2.5}_{-1.0}$	350	350	500
114	10	94	9.15	7.77	19.0	$132^{+2.5}_{-1.0}$	350	350	500
129	9	111	9.50	21.97	18.0	$147^{+2.5}_{-1.0}$	1300	350	500
131	13	105	13.49	22.32	21.5	147^{+4}_{0}	1300	350	500
133	11	111	11.80	17.10	18.0	$147^{+3.5}_{-2.0}$	1300	350	500
140	13	114	14.52	9.72	16.5	$147^{+3.5}_{-2.0}$	1300	350	500
147	11	125	13.16	29.26	21.5	$168^{+3.5}_{-2.0}$	1300	350	500
151	13	125	15.78	23.69	21.5	$168^{+3.5}_{-2.0}$	1300	350	500
155	15	125	18.47	18.02	21.5	$168^{+3.5}_{-2.0}$	1300	350	500
164	9	146	12.27	31.69	19.5	$185^{+3.5}_{-2.0}$	1300	350	500
168	11	146	15.19	25.51	19.5	$185^{+3.5}_{-2.0}$	1300	350	500

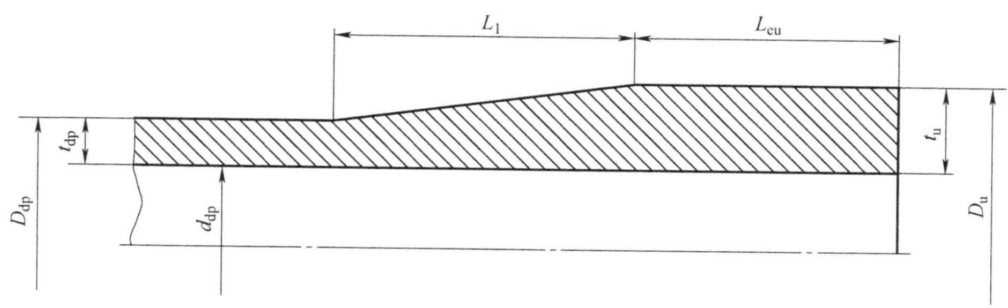

图2-7　铝合金钻杆体两端外加厚结构图

2）对于带内加厚端的管体应符合表 2-16（见图 2-8）。

表 2-16 两端内加厚铝合金钻杆

管体尺寸/mm			计算质量		加厚端尺寸/mm					
外径 D_{dp} ±1%	壁厚 t_{dp} ±10%	内径 d_{dp}	内平管体/(kg/m)	两加厚端/kg	壁厚 t_u ±10%	内径 d_u	加厚端长度 L_{iu}		过渡带长度（两端）$L_{2\,-30}^{\,+30}$	
							母螺纹端	公螺纹端 ±50	接箍端 ±30	平端 ±30
64	8	48	3.94	0.76	13	38	250^{+50}_{-50}	350	50	250
73	9	55	5.07	1.55	16	41	250^{+50}_{-50}	350	50	250
90	9	72	6.41	2.05	16	58	800^{+50}_{-50}	350	50	250
103	9	85	7.44	5.83	16	71	1000^{+100}_{-100}	350	50	250
114	10	94	9.15	7.34	16	82	1300^{+100}_{-100}	350	50	300
114	11	92	9.97	6.92	16	82	1300^{+100}_{-100}	350	50	300
129	9	111	9.50	11.58	17	95	1300^{+100}_{-100}	350	50	300
129	11	107	11.42	11.07	19	91	1300^{+100}_{-100}	350	50	300
147	11	125	13.16	10.17	17	113	1300^{+100}_{-100}	350	50	300
147	13	121	15.32	11.52	20	107	1300^{+100}_{-100}	350	50	300
147	15	117	17.42	11.07	22	103	1300^{+100}_{-100}	350	50	300
168	11	146	15.19	17.80	19	130.3	1300^{+100}_{-100}	350	50	300
168	13	142	17.72	16.26	20.5	127.3	1300^{+100}_{-100}	350	50	300

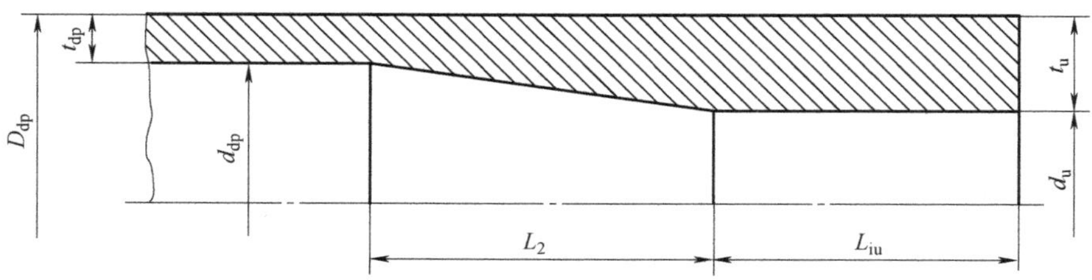

图 2-8 铝合金钻杆体两端内加厚结构图

3）对于带加厚保护器的管体应符合表 2-17 和表 2-18（见图 2-9）。

表 2-17　带端部外加厚和增厚保护的铝合金钻杆

钻杆外径 D_{dp}/mm	加厚保护器		
	外径 $D_{pt}{}^{+3.0}_{-2.8}$/mm	加厚保护段质量/kg	
		加厚前	加厚后
129	146	9.57	13.99
131	156	17.29	25.27
133	146	13.37	19.53
140	172	20.51	29.98
147	172	10.37	15.15
151	172	28.54	41.72
155	172	22.80	33.32
164	185	19.39	28.34
168	185	15.89	23.23

表 2-18　带端部内加厚和增厚保护的铝合金钻杆

钻杆外径 D_{dp}/mm	加厚保护器		
	外径 $D_{pt}{}^{+3.0}_{-2.8}$/mm	加厚保护段质量/kg	
		加厚前	加厚后
73	88	6.90	10.09
90	105	8.36	12.22
103	118	9.48	13.85
114	140	18.88	27.59
129	150	16.75	24.48
147	172	22.80	33.32
168	197	30.26	44.23

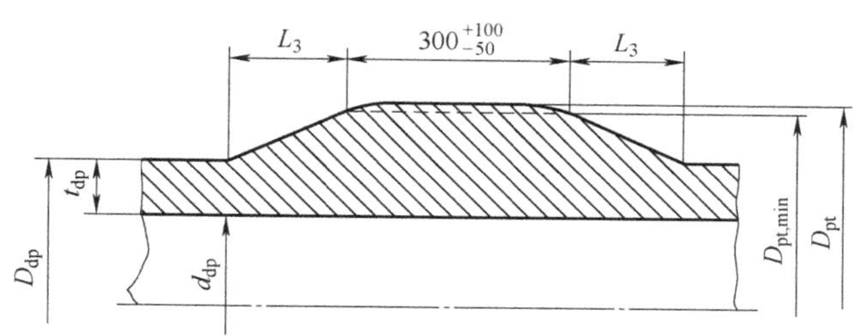

图 2-9　铝合金钻杆保护加厚部分结构图

4）钻杆接头尺寸应符合表2-19和图2-10。

表2-19　钻杆接头尺寸

钻杆/mm		钻杆接头										螺纹类型	
D_{dp}	t_{dp}	$D_{tj}\pm0.8$ /mm	$D_f\pm0.4$ /mm	$D_e\pm0.8$ /mm	$D_{pe}{}^{+1}_{0}$ /mm	$d_{p}{}^{+0.4}_{-0.8}$ /mm	$d_{b}{}^{+0.4}_{-0.8}$ /mm	$d_6\pm0.4$ /mm	$L_{b}{}^{+6}_{-10}$ /mm	$L_{pb}{}^{+9}_{-10}$ /mm	Mass /kg	钻杆接头	钻杆
两端外加厚钻杆													
90	8	118	114	106	109	68	68	74	275	185	19.5	NC38	TT90
114	10	155	150	139	143	95	95	98	320	210	38.6	NC50	TT122
129	9	172	169	156	160	112	112	114	340	225	46.0	5-1/2FH	TT138
131	13	178	170.5	150	160	105	105	-	320	203	46.0	5-1/2FH	TT138
133	11	172	169	156	160	112	112	114	340	225	46.0	5-1/2FH	TT138
140	13	172	169	156	160	112	112	114	340	225	46.0	5-1/2FH	TT138
147	11	195	188	176	183	124	124	130	365	244	65.2	6-5/8FH	TT158
151	13	195	188	176	183	124	124	130	365	244	65.2	6-5/8FH	TT158
155	15	195	188	176	183	124	124	130	365	244	65.2	6-5/8FH	TT158
164	9	203	196	190	198	124	138	146	365	244	66.5	6-5/8FH	TT172
168	11	203	196	190	198	124	138	146	365	244	66.5	6-5/8FH	TT172
两端内加厚钻杆													
64	8	80	76	68	73	34	34	38	240	163	9.5	NC23	TT53
73	9	95	91	79	82	44	44	44	260	170	14.5	NC26	TT63
90	9	108	104	-	100	54	56	60	270	180	16.5	NC31	TT82
90	9	120.6	116	100	102	58	56	60	300	183	25.4	NC38	TT82
103	9	120.6	116	-	113	68	68	71	285	185	21.0	NC38	TT94
103	9	127	116	112	113	68	68	71	285	185	25.0	NC38	TT94
114	10	145	140	121	126	82	82	84	305	195	34.9	NC44	TT104
114	11	152	145	128	128	80	80	83	310	196	41.0	NC46	TT106
129	11	162	154	140	141	95	93	97	320	206	43.5	NC50	TT120
147	11	178	171	156	160	105	108	113	340	225	54.3	5-1/2FH	TT138b
147	13	178	171	156	160	105	108	109	340	225	54.3	5-1/2FH	TT138b
147	15	178	171	156	160	105	108	109	340	225	54.3	5-1/2FH	TT138b
168	11	203	196	178	183	127	127	130	345	245	71.5	6-5/8FH	TT158
168	13	203	196	178	183	127	127	130	345	245	71.5	6-5/8FH	TT158

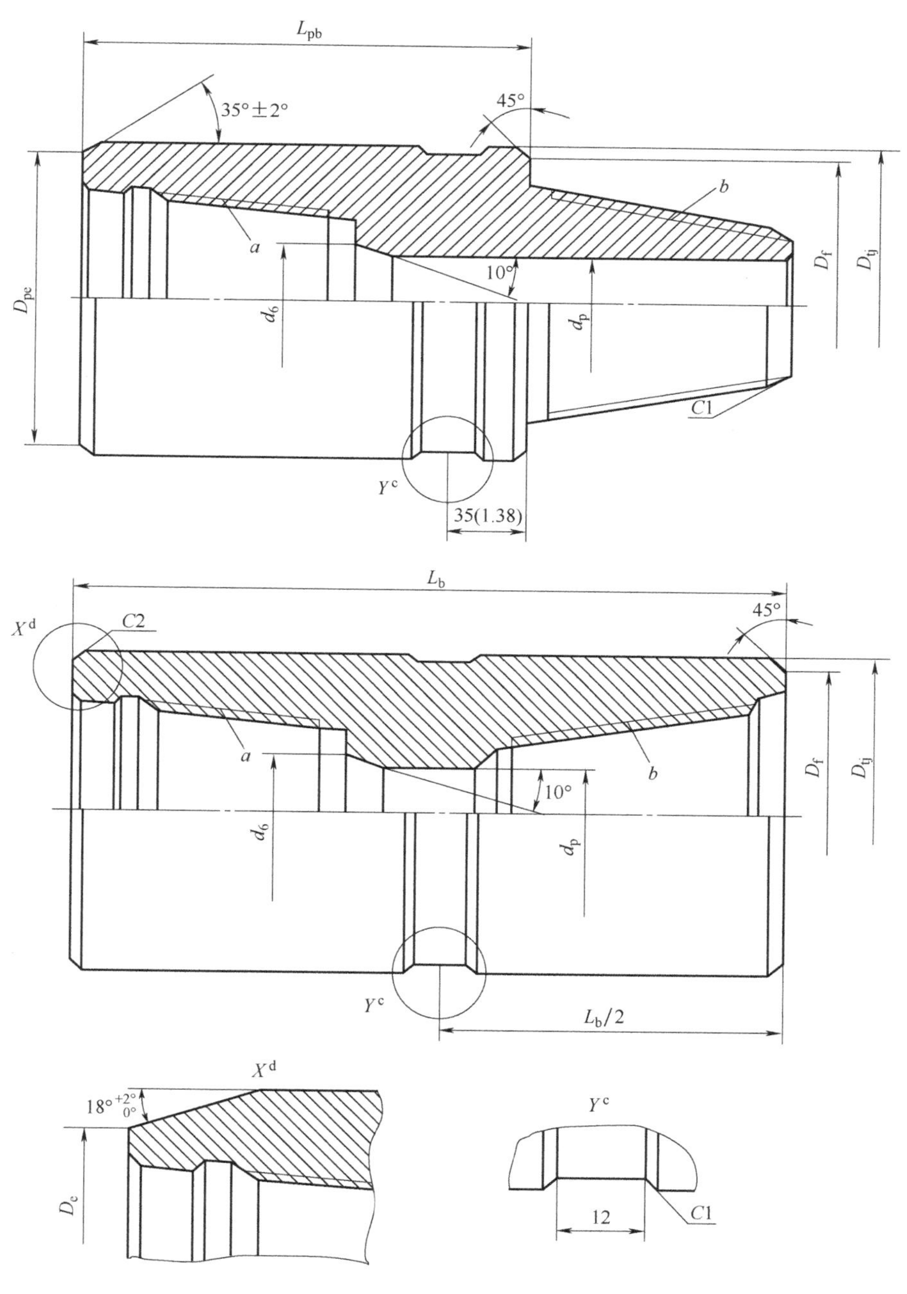

图 2-10　钻杆接头加工尺寸

参考文献

[1] 梁健，刘秀美，王汉宝. 地质钻探铝合金钻杆应用浅析［J］. 勘察科学技术，2010 (03)：62-64.

[2] 管仁国，娄花芬，黄晖，等. 铝合金材料发展现状、趋势及展望［J］. 中国工程科学，2020，22（05）：68-75.

[3] 王恒. 石油钻杆用耐热铝合金的组织和性能研究［D］. 长沙：中南大学，2012.

[4] 宁爱林，将寿生，彭北山. 铝合金的力学性能及其电导率［J］. 轻金属，2005：34-36.

[5] ISO/TC 67. Petroleum and natural gas industries-Aluminum alloy drill pipe：ISO 15546［S］. Switzerland：International Organization for Standardization，2011.

[6] 刘振铎，张洪叶，孙昭伟. 刘广志文集［M］. 北京：地质出版社，2003.

[7] 郝瑞. 钻井工程［M］. 北京：石油工业出版社，1989.

[8] RABIA H. Oil well drilling engineering：principles and practice［M］. London：Graham and Trotman，1985.

[9] GELFGAT M Y，BASOVICH V S，TIKHONOV V S. Drill String with aluminum alloy pipes design and practices［A］. In：IADC/SPE Drilling Conference（Amsterdam）. Paper no. 79873，2003.

[10] SCHUTZ R W，WATKINS H B. Recent developments in titanium alloy application in the energy industry［J］. Materials Science and Engineering A，1998（243）：305-315.

[11] SMITH J E，SCHUTZ R W，Bailey E I. Development of titanium drill pipe for short radius drilling［A］. In：IADC/SPE drilling conference（New Orleans），February 2000，Paper no. 59140.

[12] 吕拴录，骆发前，周杰，等. 铝合金钻杆在塔里木油田推广应用前景分析［J］. 石油钻探技术，2009，37（3），74-77.

[13] 唐继平，狄勤丰，胡以宝，等. 铝合金钻杆的动态特性及磨损机理分析［J］. 石油学报，2010，31（4）：684-688.

[14] 鄢泰宁，薛维，卢春华. 铝合金钻杆的优越性及其在地探深孔中的应用前景［J］. 探矿工程（岩土钻掘工程），2010，37（2）：27-29.

[15] SANTUS C，BERTINI L，Beghini M，et al. Torsional strength comparison between two assembling techniques for aluminum drill pipe to steel tool joint connection［J］. International Journal of Pressure Vessels and Piping，2009（86）：177-186.

[16] GELFGAT M Y，BASOVICH V S，Adelman A. Aluminum alloy tubules for the oil and gas industry［J］. World Oil，2006，227（7）：45-51.

[17] 全国石油天然气标准化技术委员会. 石油天然气工业 铝合金钻杆：GB/T 20659-2006［S］. 北京：中国标准出版社，2006.

[18] 全国钢标准化技术委员会. 金属材料 拉伸试验 第1部分：室温试验方法：GB/T 228.1-2021［S］. 北京：中国标准出版社，2021.

[19] 刘希圣. 钻井工艺原理［M］. 北京：石油工业出版社，1988.
[20] 徐小兵. 提高高海拔地区钻探效率的几点体会［J］. 地质与勘探，2016（3）：103-106.
[21] 刘静安，李建湘. 铝合金钻杆的特点及其应用与发展［J］. 有色金属加工，2008：8-9.
[22] 胡福昌. 铝合金钻杆试验概况［J］. 地质与勘探，1978（4）：52-54.
[23] 孙建华，张阳明. 难进入地区钻探工程航空运输技术经济分析［J］. 探矿工程（岩土钻掘工程），2007，34（9），20-23.

第 3 章

铝合金钻杆材料选择与力学性能

3.1 复合钻柱设计

3.1.1 钻柱受力分析

钻柱是连通地面钻井设备与井底碎岩工具的超长径比杆件，其运动形式十分复杂，主要包括：自转、公转（涡动）、纵向振动、扭转振动、横向振动等[1-3]。其在井内的工作状态随着钻进方法、钻进工序的不同而异，在不同的工作状态下，钻柱受力情况有所差异。复杂工况导致钻柱失效是钻井施工过程中一个最为常见且“昂贵”的井内事故。开展钻柱系统、全面、准确的力学分析，进行钻杆材质选择及其力学性能研究，在井眼轨道设计与控制、钻柱优化设计与强度校核、井身结构、钻井参数优化、井内事故预防等方面具有重要的工程意义。

一般来讲，正常的地温梯度为2.5℃/100m，随着井深的不断增加、地温的持续升高，万米科学超深井井底温度将达到250℃左右，因铝合金钻杆在高温条件下具有力学性能衰减的特性，井内高温带来了难度更大、要求更高的钻井难题。同时，由于钻柱存在它的极限应用长度，当钻井超过某一深度时，钻柱自重就能将井口处附近的钻杆拉断。因此，综合考虑钻井工程因素和钻杆管材因素，以钻柱组合设计为基础准则，从工程技术需求出发，如何进行铝合金钻杆材质选择和评价显得至关重要。

对于钻杆管材的选择，传统材料力学观点只考虑了材料的屈服强度 σ_s 或抗拉强度 R_m，但对于科学超深井钻探技术来讲，同时还须考虑其他的性能参数，应综合常温力学性能、高温力学性能等多方面因素对管材进行综合评价。如单方面考虑选用常温高强度材料，但高温力学性能及长时间热暴露后常温力学性

能较差，则有可能产生高温暴露性能失效从而破坏。因此，当井深不断增加时，随着钻进持续进行，钻杆所受的温度在不断增加，应密切关注其高温长时间热暴露条件下的多种性能的变化，以降低相应的钻井风险。利用模糊综合评价原理可重点考核评价指标间的相互关系以及对评价结果的影响，较好地解决了定量处理评价过程中的模糊因素，从而使评价结果更加科学合理[4]。

1. 轴向拉力

钻柱所受轴向载荷主要有由自重产生的拉力、泥浆产生的浮力及因钻压而产生的压力。此外，钻柱与井壁及泥浆间的摩擦阻力，泥浆循环时钻柱内及钻头水眼上所耗散的压力，起钻下钻时上提或下放钻柱速度的变化等均会产生附加的轴向载荷[5]。式（3-1）为钻柱提升时考虑摩擦力、泥浆浮力、动载荷等因素影响的钻柱抗拉应力

$$\sigma_t = K_f \cdot \alpha \cdot L \cdot g \cdot q \cdot \cos\theta \cdot \left(\frac{1+f \cdot \tan\theta}{S}\right) \cdot \left(\frac{a+g}{g}\right) \cdot \left(1-\frac{\rho_d}{\rho_s}\right) \tag{3-1}$$

式中　σ_t——钻柱抗拉应力，单位为 Pa；

K_f——提升时附加阻力的系数；

α——接头或接箍的质量增加系数；

L——钻柱长度，单位为 m；

g——重力加速度，单位为 m/s^2；

q——钻柱每米加权平均质量，单位为 kg；

θ——钻井顶角平均值，单位为°；

f——摩擦系数；

S——钻柱截面积，单位为 m^2；

a——提升加速度，单位为 m/s^2；

ρ_d——泥浆密度，单位为 g/cm^3；

ρ_s——管材密度，单位为 g/cm^3。

2. 扭转应力

在钻进过程中钻柱承受扭矩作用，在其各截面上产生剪切应力。其中，井口处最大，随着不断向下，能量的消耗逐渐减小，并在井底处最小。当井内钻具突然遇卡，则钻柱的动能转变为位能，引起钻柱产生瞬时扭矩，从而产生一个极大的附加扭转剪切应力，此时的钻柱所受扭转应力最大[6-7]

$$\tau_{max} = \frac{\omega \cdot d}{2} \cdot \sqrt{\frac{\gamma_c \cdot G}{g}} \tag{3-2}$$

式中　τ_{max}——最大扭转应力，单位为 Pa；

ω——角速度，单位为 rad/s；

d——钻柱直径，单位为 mm；

γ_c——钻柱材料的容重，单位为 N/m^3；

G——剪切模量，单位为 Pa；

g——重力加速度，单位为 m/s^2。

3. 解卡上提力对抗扭强度的影响

当钻具井内遇卡、阻时，为解卡有时采取上提拉力后再进行钻柱的扭转动作，此时钻柱在拉、扭复合工况受力状态下，其自身抗扭强度将有一定的衰减，可由式（3-3）确定[8]

$$Q_T=\frac{10^{-3}\times1.16J}{D}\cdot\sqrt{\sigma_{smin}^2-\frac{P^2}{S^2}} \tag{3-3}$$

式中　Q_T——在拉力下的最小扭转屈服强度，单位为 N·m；

J——极惯性矩，单位为 m^4；

D——钻柱外径，单位为 m；

σ_{smin}——管体材料最小屈服强度，单位为 Pa；

P——拉伸负荷，单位为 N；

S——管体横截面积，单位为 m^2。

4. 弯矩

当施加的钻压超过钻柱的临界压力值时，下部钻柱将产生一定程度的弯曲变形；同时，回转的钻柱在离心力的作用下将加剧弯曲变形量。产生弯曲变形的钻柱在轴向压力的作用下，将受到弯矩的作用，在其内部产生弯曲应力。在弯曲状态下如发生回转动作，钻柱将产生交变的弯曲应力。式（3-4）是由横向力作用产生的弯曲应力

$$\sigma_b=\frac{\pi^2\cdot EI\cdot f}{l^2\cdot W} \tag{3-4}$$

式中　σ_b——弯曲应力，单位为 Pa；

E——纵向弹性模量，单位为 Pa；

I——管体断面面积的轴惯性矩，单位为 m^4；

f——钻柱的挠度，单位为 m；

l——弯曲半波长度（由 Г. М. 萨尔基索夫公式计算），单位为 m；

W——计算断面的抗弯断面模量，单位为 m^3。

5. 离心力

当钻柱公转（涡动）时，产生的离心力将引起钻柱弯曲或加剧其弯曲变形程度。此时，所产生的离心力可由式（3-5）计算

$$P=m\cdot R\cdot\omega^2 \tag{3-5}$$

式中　P——离心力，单位为 N；

m——弯曲段钻柱质量，单位为 kg；

R——回转半径，单位为 m；

ω——回转角速度，单位为 s^{-1}。

6. 外挤压力

对于科学超深井来讲，由于钻柱重量大，当其坐于卡瓦中时，将受到较大的箍紧力。当合成应力接近或达到材料的最小屈服强度时，则会导致卡瓦挤毁钻柱。因此，要求钻柱屈服强度与拉伸应力的比值不应小于一定数值。在抗挤毁条件下，钻柱屈服强度可由式（3-6）计算[7]

$$\sigma_s=\sigma_t\cdot\left[1+\frac{D\cdot K}{2L_s}+\left(\frac{D\cdot K}{2L_s}\right)^2\right]^{\frac{1}{2}} \tag{3-6}$$

式中　σ_s——杆体材料的屈服强度，单位为 Pa；

σ_t——悬挂在吊卡下面钻柱的拉伸应力，单位为 Pa；

D——钻柱外径，单位为 m；

L_s——卡瓦与钻柱的接触长度，单位为 m；

K——卡瓦的横向负荷系数。

7. 钻柱的振动

上述各种载荷，在钻进过程中其数值不断变化，因此，可能产生扭转和纵向振动。振动大小由弹性系统的固有振动周期及外作用力的周期[6]决定。

1）固有纵向振动周期可由式（3-7）确定。

$$T_n=2\pi\cdot L\cdot\sqrt{\frac{\gamma_c}{3E\cdot g}} \tag{3-7}$$

式中　T_n——固有纵向振动周期，单位为 s；

L——钻柱长度，单位为 m；

γ_c——钻柱材料的容重，单位为 N/m^3；

E——弹性模量，单位为 Pa；

g——重力加速度，单位为 m/s^2。

2）固有扭转振动周期可由式（3-8）确定。

$$T_k=2\pi\cdot L\cdot\sqrt{\frac{\gamma_c}{3G\cdot g}} \tag{3-8}$$

式中　T_k——固有扭转振动周期，单位为 s；

L——钻柱长度，单位为 m；

γ_c——钻柱材料的容重，单位为 N/m^3；

G——剪切模量，单位为 Pa；

g——重力加速度，单位为 m/s^2。

3.1.2 管材因素对钻深的影响

1. 管材强度因素

每种物质都有其自身重量，钻杆也不例外。钻柱中越靠近地表的钻杆，由于其所悬挂的钻杆比较多，下部重量相对较大，当钻井超过某一深度时，钻柱自重就能将井口附近的钻杆拉断。因此，当钻深达到一定深度时，在钻柱提升或钻进过程中，由于管柱的重量所受重力将超过其自身的极限强度时，我们将该深度定义为可下深度。钻杆可下深度[9]的计算，如式（3-9）所示

$$H=\frac{\sigma_t}{n\cdot(\gamma_{tp}-\gamma_{cp})} \tag{3-9}$$

式中 H——钻杆的可下深度，单位为 m；

σ_t——钻杆的屈服强度，单位为 MPa；

n——强度安全系数；

γ_{tp}——钻杆的容重，单位为 N/m^3；

γ_{cp}——泥浆的容重，单位为 N/m^3。

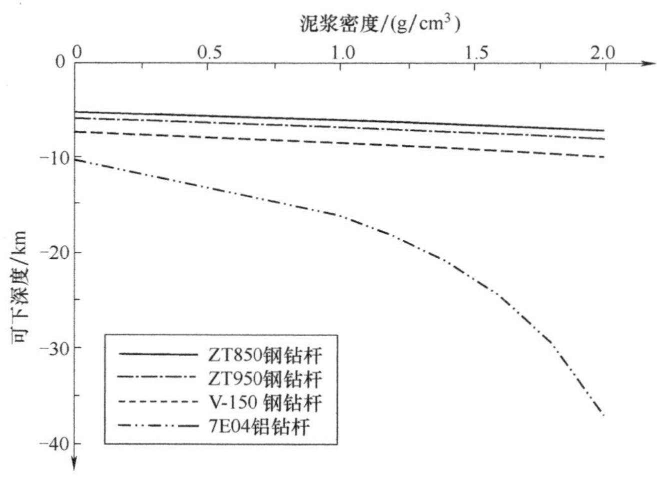

图 3-1 单一规格尺寸钻杆的可下深度

图 3-1 所示为单一规格尺寸钻杆的可下深度。从图中可以看出，随着泥浆密度的增大，各材质钻杆可下深度均有所提高，但与钢钻杆相比，铝合金钻杆可下深度提高较为明显，也就是说，铝合金钻杆可下深度受泥浆密度影响较大，

即其浮力系数随泥浆密度变化明显，如图 3-2 所示；图中数据同时表明，V-150 钢钻杆最大可下深度不足万米，7E04 铝合金钻杆在空气中的悬挂长度可超过万米。因此，科学超深井钻柱全部使用同一规格尺寸的钢钻杆不现实，全部使用高强度 7 系铝合金钻杆理论上可以实现，但考虑到井内高温环境的影响，还需研制耐高温的轻合金钻杆。

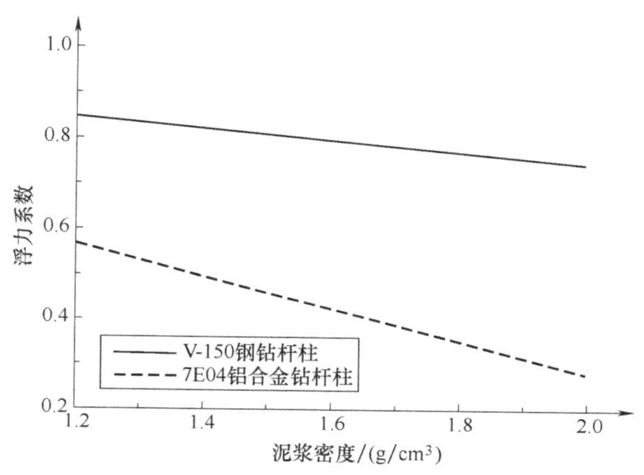

图 3-2　不同材质钻柱浮力系数变化曲线

2. 管材耐温因素

目前，当工业上应用的工程合金在 100℃ 以内时，时效铝合金具有最高的比强度。在 100℃ 以上的高温条件下，铝合金的力学性能迅速下降，可从图 3-3 中曲线变化规律得出，铝合金钻杆在高温条件下具有力学性能衰减的特性，这是由于铝合金在高温长时间热暴露时，决定其强度的细小沉淀相粗化所引起的，组织中的时效强化相将会不断地长大、粗化，时效相与基体之间的半共格关系也会逐渐丧失并产生过时效[10]，从而使合金的强度和硬度明显降低。同时，王建华等人[11] 对 2618 耐热铝合金的组织与力学性能进行了试验研究，研究结果表明：2618 铝合金在 150℃、200℃ 及 250℃ 的热暴露环境下，随着高温热暴露时间的增加，铝合金试样的强度、硬度随之不断降低。

我国松科 SK-2 超深井的全井井温曲线如图 3-4 所示，在松科 SK-2 井井底 7000m 的测井温度为 236℃，远远超过了工程合金最高比强度的使用最佳温度 100℃。我们从表 3-1 中可知，在井眼上部可使用高强度铝合金钻杆（屈服强度 480MPa），而在井眼中下部要使用耐高温铝合金钻杆（屈服强度 340MPa），也就是说，由于温度因素，钻柱设计应考虑优选耐高温材料；与高强度铝合金钻杆相比，表 3-1 中的耐热铝合金钻杆屈服强度整体下降 29. 16%，意味着温度因素会使铝合金钻杆钻深能力受到较大影响。

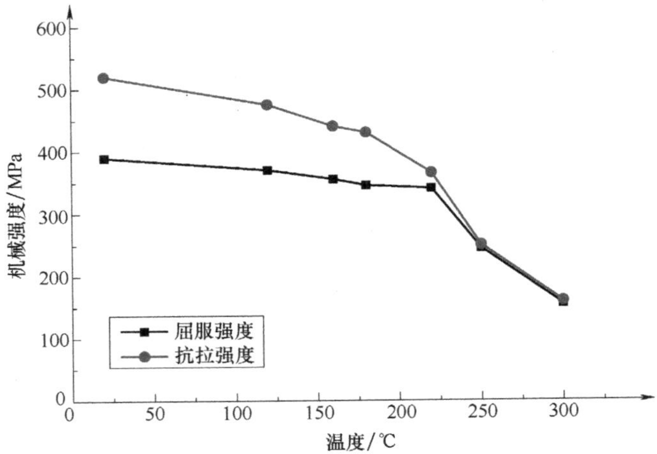

图 3-3　2618 铝合金管材热稳定特性曲线

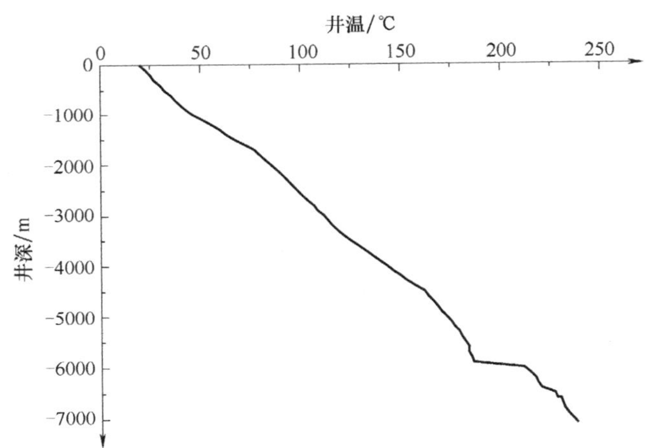

图 3-4　松科 SK-2 超深井的全井井温曲线图

表 3-1　铝合金钻杆材料要求

特性	铝合金钻杆材料组			
	Al-Cu-Mg	Al-Zn-Mg	Al-Cu-Mg-Si-Fe	Al-Zn-Mg
最小屈服强度/MPa	325	480	340	350
最小抗拉强度/MPa	460	530	410	400
最小伸长率（%）	12	7	8	9
最高操作温度/℃	160	120	220	160
在质量分数为 3.5%的氯化钠溶液中的最大腐蚀速度/[g/(m² · h)]	-	-	-	0.08

3.1.3　铝合金钻柱组合设计

1. 钻柱组合设计方法

科学超深井钻探工程是为地球科学研究而实施的重大科学项目，其具有钻遇地层复杂、井深深度大、取心频繁等特点，这对钻柱提出了较高的性能要求。为使钻柱有更大的允许钻进深度和足够的安全系数，可采取改变钻柱组成的方法。深部钻探复合钻柱一般是由不同规格（上大下小）、同种规格不同壁厚（上厚下薄）、不同钢级（上高下低）及不同材质（上钢下铝）的钻杆组成的。与单一规格尺寸的钻柱相比，复合钻柱结构具有较多的优点，其既能满足强度要求，又能减轻整个钻柱重量，也可在现有钻机负荷能力下达到更大的钻深。作用于钻柱上的力较为复杂，如拉力、压力、弯矩、扭矩等，但其中经常作用且数值较大的力为拉力。因此，在组合钻柱设计中，以拉伸计算为主，再通过一定的设计安全系数来考虑起钻下钻时的动载荷及其他应力的复合作用。合理的钻柱设计，既要满足最基本的卡瓦挤毁设计系数和安全系数，又要给出足够的拉力余量值。一般在钻柱设计中，最大允许静拉负荷取决于安全系数、最小的设计系数和拉力余量三个因素，然后从三者当中取最低的值作为最大允许静拉负荷。同时，对于铝合金钻柱来讲还应考虑井中的温度因素。

（1）安全系数法　考虑起下钻时的动载及摩擦力，一般取一个安全系数 S_t，以保证钻柱的工作安全，即

$$F_a = \frac{F_p}{S_t} \tag{3-10}$$

式中　F_a——钻柱安全静拉伸载荷，单位为 kN；

F_p——钻柱任意截面上的静拉伸载荷，单位为 kN；

S_t——安全系数，一般取 1.3。

（2）设计系数法（考虑卡瓦挤压）　对于深井钻柱来说，由于钻柱重力大，当它坐于卡瓦中时，将受到很大的箍紧力。当合成应力接近或达到材料的最小屈服强度时，就会导致卡瓦挤毁钻杆。为了防止钻柱被卡瓦挤毁，要求钻柱的屈服强度与拉伸应力的比值不能小于一定数值。此值可根据钻柱抗挤毁条件得出，见式（3-6）。

（3）拉力余量法　考虑钻柱被卡时的上提解卡力，钻柱的最大允许静拉伸应力应小于其最大安全拉伸应力一定合适的数值，并以它作为余量，称为“拉力余量”（记为 MOP），以确保钻柱不被拉断。

$$F_a = F_p - MOP \tag{3-11}$$

式中 F_a——钻柱安全静拉伸载荷，单位为 kN；

F_p——钻柱任意截面上的静拉伸载荷，单位为 kN；

MOP——拉力余量，一般取 200～500kN。

2. 科拉 SG-3 超深井完钻钻柱组合

铝合金钻柱是俄罗斯科学超深井施工三大技术特色之一。世界第一深钻，12262m 深的科拉 SG-3 超深井就是使用铝合金钻杆施工的。俄罗斯的钻探界十分重视铝合金材料和钻柱的研究、开发和应用，开发出了多种铝合金材料，其物理力学性能可满足从浅到超深井施工的各种使用条件的要求，见表 2-2。

钻杆的工作参数取决于自身的结构设计和材料性能。俄罗斯学者对科拉 SG-3 超深井用铝合金材料开展研究，以评估上述材料在铝合金钻柱设计计算中的适用性，如图 3-5 所示。研究表明[12]，在 20～120℃的温度范围内，D16T 合金的屈服强度没有发生改变，温度的进一步升高导致屈服强度迅速下降；在 180℃时，屈服强度降低到初始值的 70%，因此在稳定的温度变化范围内，可以采用屈服强度（或抗拉强度）作为设计的主要标准。

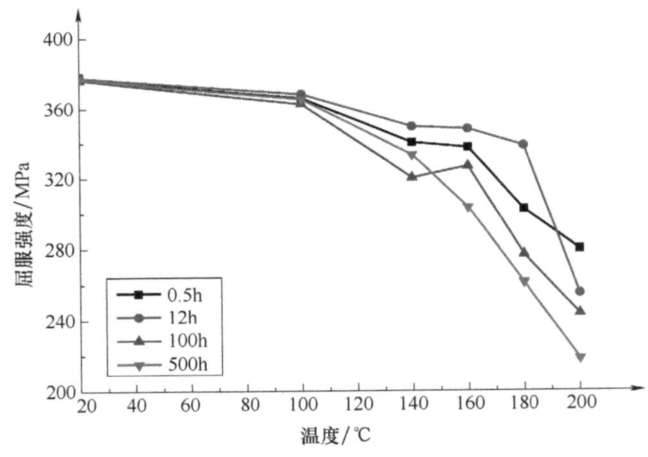

图 3-5　D16T 合金屈服强度随温度变化曲线

失效危险程度对于钻杆使用寿命的影响要超过使用过程中累积变形的影响，图 3-6 和图 3-7 是 D16T 合金的蠕变速率与温度和应力之间变化关系的试验结果，从图中可以看出，当应力低于材料的常规屈服强度、临界蠕变速率>0.002%/h 时，工作温度可在 140℃以上。也就是说，当工作温度在 140℃以上时，长期强度应作为 D16T 合金强度的设计标准。对 1953T1 和 AK4-1T1 合金材料进行了相关试验，两种材料在蠕变速率与温度之间的变化趋势与 D16T 合金基本一致。1953T1 合金的临界蠕变速率对应的临界温度为 100℃，AK4-1T1 合

金的临界蠕变速率对应的临界温度为 220℃。科拉 SG-3 超深井铝合金钻柱组合见表 3-2。

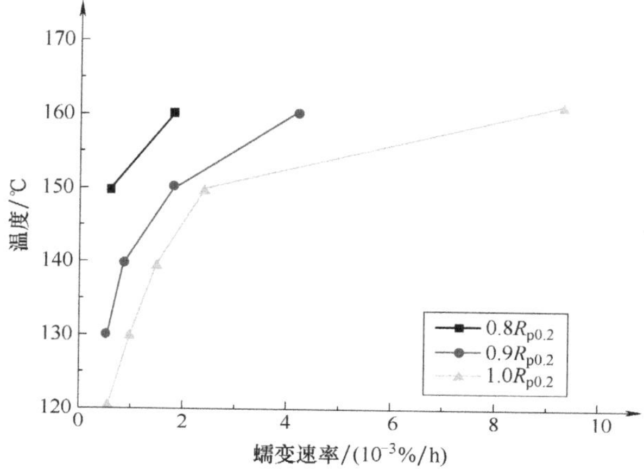

图 3-6　不同应力下温度对 D16T 合金蠕变速率的影响

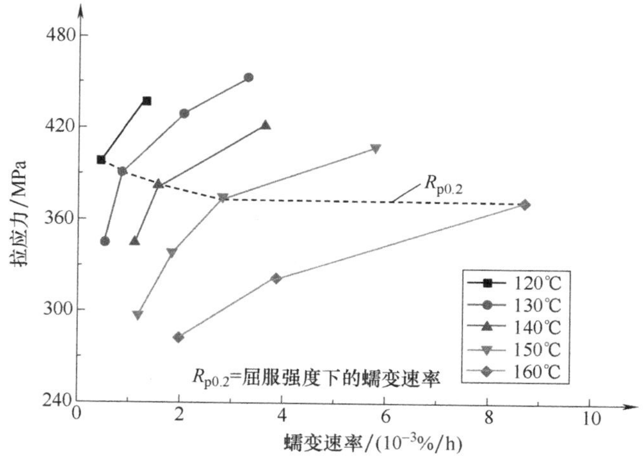

图 3-7　不同温度下应力对 D16T 合金蠕变速率的影响

表 3-2　科拉 SG-3 超深井铝合金钻柱组合

序号	管柱段/m			钻柱代号	铝合金牌号
	自（井底）	至（井口）	长度		
1	0	40	40	КНБК	-
2	40	2179	2139	ЛБТПН 147×11	AK4-1T1
3	2179	3184	1005	ЛБТПН 147×13	AK4-1T1

（续）

序号	管柱段/m			钻柱代号	铝合金牌号
	自（井底）	至（井口）	长度		
4	3184	4746	1562	ЛБТПН 147×11	D16T
5	4746	5266	520	ЛБТПН 147×15	D16T
6	5266	7448	2182	ЛБТПН 147×11	1953T1
7	7448	9397	1949	ЛБТПН 147×13	1953T1
8	9397	11386	1989	ЛБТПН 147×15	1953T1
9	11386	12262	876	ТБВК 140×11	《P》

3.2 铝合金钻杆材料力学性能

3.2.1 固溶时效处理

两种合金分别在525℃、530℃、535℃进行固溶处理，保温1h，并在30℃的冷水中进行淬火，然后进行显微组织观察，如图3-8和图3-9所示。固溶处理后，黑色粒子明显减少，未溶第二相多数溶解，表面合金溶质较充分的溶进基体，这对后期热处理充分发挥合金元素的作用是有利的。

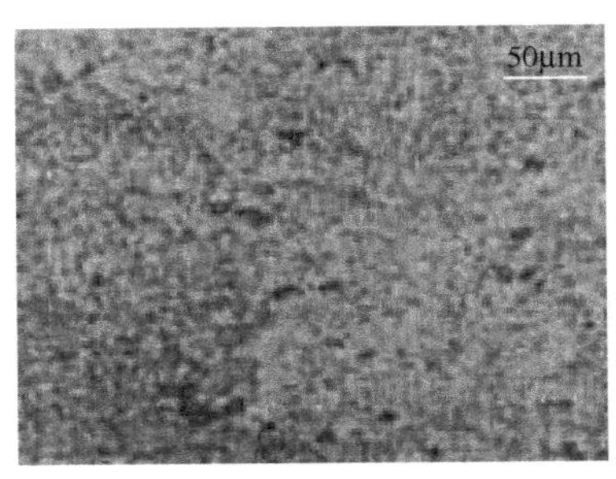

a）固溶前

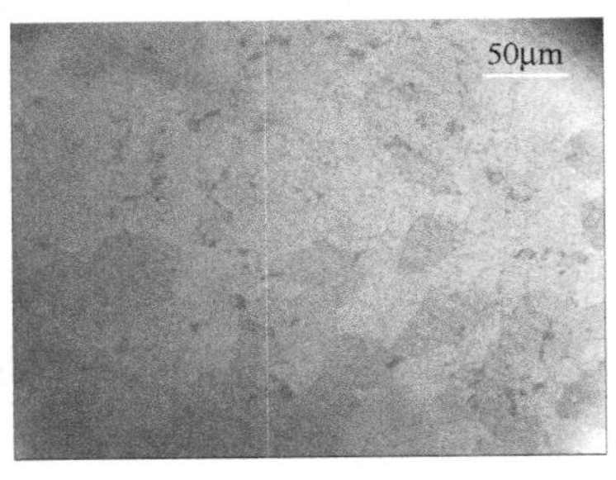

b）535℃固溶后

图3-8　2219合金固溶前后的显微组织比较

固溶淬火后的两种合金分别在下列温度下进行20h的人工时效后，再进行常温力学性能检测。结果见表3-3。从表中可以看出，2219合金在时效温度165℃处理的室温力学性能最佳，2618合金在200℃时效处理的室温力学性能最佳。因此，2219合金的固溶和时效的热处理制度分别为535℃/1h、165℃/20h；2618合金的固溶和时效热处理制度分别为530℃/1h、200℃/20h。

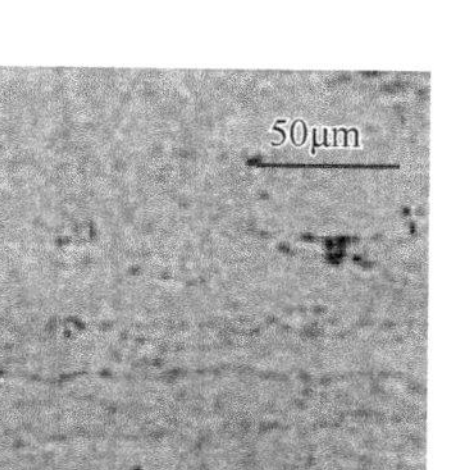

a) 固溶前

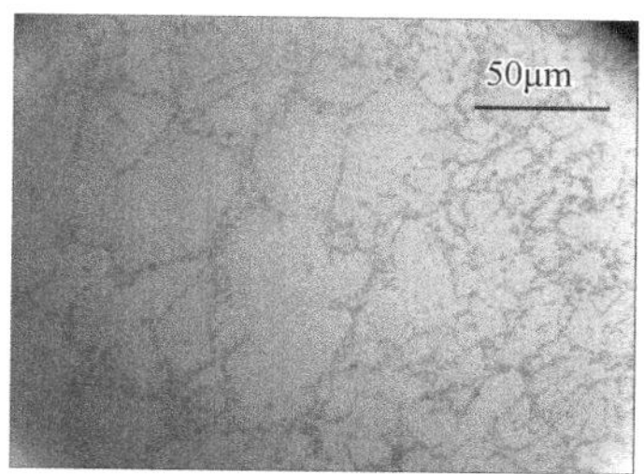

b) 530℃固溶后

图 3-9　2618 合金固溶前后的显微组织比较

表 3-3　不同时效温度下的室温力学性能

铝合金牌号	时效温度/℃	抗拉强度/MPa	伸长率（%）	硬度/HB
2219	150	422.6	16.4	120
	165	436.9	12.9	130
	170	437.3	9.2	126
2618	180	405.1	7.2	122
	200	425.8	6.7	125
	210	413.6	6.3	123

两种合金不同热处理状态电导率见表 3-4 和表 3-5。对于固溶体基体组织来讲，固溶程度越高，其强度越高。但电导率却相反，因为固溶程度越高，表示溶质原子溶入溶剂晶格的数量越多，引起溶剂晶格的畸变越大，电子的散射越大，电阻率也越大，其电导率越小。而对于时效而言，随着时效过程的进行（温度升高或时间延长），淬火得到的过饱和固溶体将逐步析出溶质原子，使合金的晶格畸变程度减少，内应力降低，从而使电子运动变得容易，此时合金的强度和电导率均逐步增大。

表 3-4　2219 合金不同热处理状态电导率

状态	热处理制度	20°体积电导率/%IACS（1%IACS=0.017241MS/m）
固溶后	525℃/1h	18
	535℃/1h	17.2
	540℃/1h	17.3
时效后	150℃/20h	25
	165℃/20h	31
	170℃/20h	31.5

表 3-5 2618 合金不同热处理状态电导率

状态	热处理制度	20°体积电导率/%IACS
固溶后	525℃/1h	20
	530℃/1h	16
	535℃/1h	15.8
时效后	180℃/20h	30
	200℃/20h	36
	205℃/20h	37

3.2.2 高温力学性能

图 3-10 所示为两种合金在高温瞬时条件下抗拉强度曲线。与前述常温力学性能比较，在 100℃以上的高温条件下，2618 合金的强度和伸长率普遍高于 2219 合金；两者随着温度的不断增加，其抗拉强度均随之不断降低。这是由于组织中的时效强化相随温度的变化不断地长大、粗化，时效相与基体之间的半共格关系也会逐渐丧失并产生过时效，从而使合金的强度和硬度明显降低。

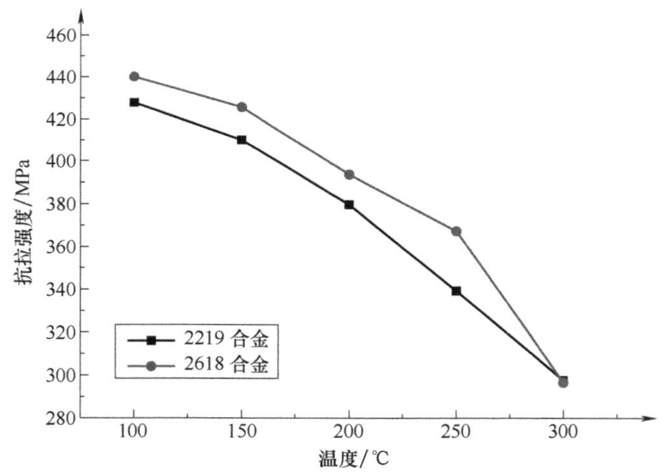

图 3-10 两种合金在高温瞬时条件下抗拉强度曲线

图 3-11 和图 3-12 所示分别是两种合金在高温长时间暴露后的常温抗拉强度和伸长率变化曲线。从图中可以发现，2219 合金的强度和伸长率普遍高于 2618 合金，这与高温瞬时条件下（见图 3-10）的两种合金的强度性能对比正好相反。一般在常温状态下，管材的屈服和抗拉强度是钻柱静态设计的主要标准，而在深井超深井的高温条件下作业的钻柱，还需考虑工作温度下材料的常规力

学强度。与暴露在室温条件下的合金性能相比，暴露温度在 100℃ 和 150℃ 条件下的两种合金试样的常温抗拉强度和伸长率均有所提高，可能是在这两个暴露温度条件下，这两种合金起到了补充时效的作用，而后再随着暴露温度升高，两种合金的强度均呈下降趋势。

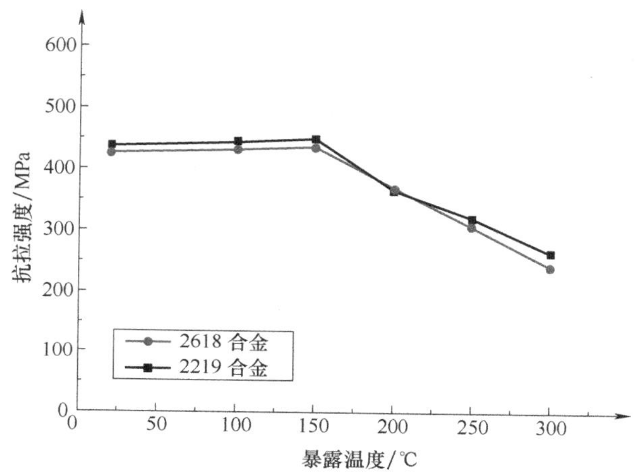

图 3-11　两种合金在高温长时间暴露后的常温抗拉强度曲线

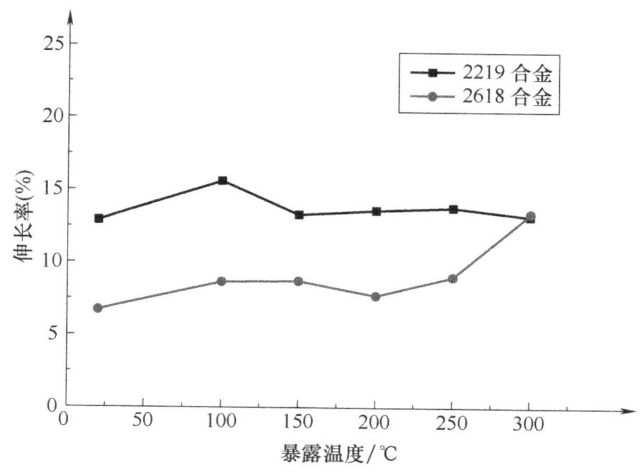

图 3-12　两种合金在高温长时间暴露后的常温伸长率变化曲线

从图 3-12 中不难发现，随着暴露温度的升高，2618 合金伸长率随之有持续增大的趋势，这是由于高温下热暴露时 Ω 相大幅度减少和粗化，合金断裂伸长率显著上升所造成的；而 2219 合金伸长率变化较小，相对稳定，这是因为 Zr 元素在热暴露过程中起到减缓溶质扩散速率的作用，热暴露的实质就是再时效处理，溶质原子的扩散速率减缓意味着 S 相粗化速率的降低，这对提高热暴露后的剩余强度是十分有利的[13-14]。同时，Zr 元素通过阻碍溶质原子扩散降低了合金时效峰值强度，但是同时会提高热暴露之后的剩余强度，2219 合金中含有质量分数为 0.149%的 Zr 元素，这也说明了热暴露条件下的 2219 合金的强度和伸长率均普遍高于 2618 合金。

3.3 材料选择的模糊数学综合评判

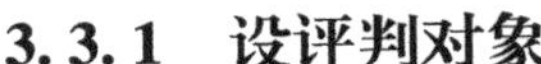

3.3.1 设评判对象

针对科学超深井铝合金组合设计和应用技术等要求，并根据不同材质管材的性能匹配程度进行筛选，得到一组备选材料，并以被选材料中每种材料为元素，建立评判对象集 $\boldsymbol{X}$。

$$\boldsymbol{X}=\{x_i\} \quad i=1,2,\cdots,n \tag{3-12}$$

式中 x_1——2219 铝合金；

x_2——2618 铝合金。

3.3.2 设因素集

为选定最优材料，须根据钻杆设计要求对备选材料进行评判（本计算以井下钻柱中下部选材为例），即令这些性能要求为选材的评判标准，从而建立评判因素集 $\boldsymbol{U}$。

$$\boldsymbol{U}=\{u_j\} \quad j=1,2,\cdots,n \tag{3-13}$$

式中 u_1——屈服强度 $\sigma_{s高温}$，单位为 MPa；

u_2——屈服比 $\sigma_{s高温}/R_{m高温}$；

u_3——时效温度 T，单位为℃；

u_4——抗拉强度 $R_{m热暴露}$，单位为 MPa；

u_5——伸长率 $\delta_{高温}$；

u_6——硬度 HB，单位为 kgf。

3.3.3 建立评判矩阵

评判因素集 $\boldsymbol{U}$ 确定后，对各因素 $\boldsymbol{U}_j$ 建立评判计算公式，求出 r_{ij}；r_{ij} 表示对象 $\boldsymbol{X}_i$ 对 $\boldsymbol{U}_j$ 的评判结果，且 $0\leqslant r_{ij}\leqslant 1$。其评判公式可取：$r_{ij}=\dfrac{x_{ij}}{x_{j\max}}$（$x_{j\max}$ 为因素集 $\boldsymbol{U}_j$ 的最大值），故建立单因素评价矩阵 $\boldsymbol{R}$。

$$\boldsymbol{R}=[r_{ij}] \tag{3-14}$$

根据以上分析，结合铝合金钻柱组合设计要求，以井下应用环境为 150℃ 为例（钻柱的中下部），确定的备选材料对象、性能及其单因素评判结果，见表 3-6。

表 3-6　备选材料对象、性能及其单因素评判结果

合金	屈服强度/MPa		屈强比（%）		时效温度/℃		抗拉强度/MPa		伸长率（%）		硬度/N·mm^{-2}	
	r_{i1}		r_{i2}		r_{i4}		r_{i5}		r_{i3}		r_{i6}	
2219	297.8	0.819	72.6	0.849	165	0.825	449.6	1.000	13.3	1.000	130	1.000
2618	363.8	1.000	85.5	1.000	200	1.000	436.4	0.971	8.70	0.654	125	0.962

3.3.4　权重确定

考虑到各评判因素对评判结果影响不一，需对各评判因素赋予相应的权重。采用专家预测法，对评价因素 $\boldsymbol{U}_j$ 做出权重判定，见表 3-7，并根据表 3-6 产生了权重分配矩阵 $\boldsymbol{T}$。

$$\boldsymbol{T}=[t_1\ t_2 \cdots\ t_n] \tag{3-15}$$

表 3-7　权重判定

专家	$\boldsymbol{U}_j$					
	u_1	u_2	u_3	…	u_n	Σ
1	a_{11}	a_{12}	a_{13}	…	a_{1n}	1
2	a_{21}	a_{22}	a_{23}	…	a_{2n}	1
⋮	⋮	⋮	⋮	⋮	⋮	⋮
m	a_{m1}	a_{m2}	a_{m3}	…	a_{mn}	1
t_j	$\sum a_{i1}/m$	$\sum a_{i2}/m$	$\sum a_{i3}/m$	…	$\sum a_{in}/m$	1

3.3.5　综合评判

该模糊综合评价问题，即是将评价因素集合 $\boldsymbol{U}$ 这一论域上的一个模糊集合 $\boldsymbol{X}$，经过模糊关系 $\boldsymbol{R}$ 变化为模糊综合评价结果集合 $\boldsymbol{B}$。

$$\boldsymbol{B}=\boldsymbol{R}\cdot\boldsymbol{T}^{\mathrm{T}}=\begin{pmatrix} r_{11} & r_{12} & \cdots & r_{1n} \\ r_{21} & r_{22} & \cdots & r_{2n} \\ \vdots & \vdots & \ddots & \vdots \\ r_{m1} & r_{m2} & \cdots & r_{mn} \end{pmatrix}\begin{pmatrix} t_1 \\ t_2 \\ \vdots \\ t_n \end{pmatrix}=\begin{pmatrix} r_{11}t_1+r_{12}t_2+\cdots+r_{1n}t_n \\ r_{21}t_1+r_{22}t_2+\cdots+r_{2n}t_n \\ \vdots \\ r_{m1}t_1+r_{m2}t_2+\cdots+r_{mn}t_n \end{pmatrix}=\begin{pmatrix} b_1 \\ b_2 \\ \vdots \\ b_m \end{pmatrix} \tag{3-16}$$

式中　b_j（$j=1，2，\cdots，m$）——模糊综合评判指标。

由表3-6可建立单因素评判矩阵

$$\boldsymbol{R}=\begin{pmatrix}0.819 & 0.849 & 0.825 & 1.000 & 1.000 & 1.000\\ 1.000 & 1.000 & 1.000 & 0.971 & 0.654 & 0.962\end{pmatrix}$$

并依据专家预测法得出各因素的权重，由此再得到相应的权重分配矩阵 $\boldsymbol{T}$，$\boldsymbol{T}=(0.20\quad 0.05\quad 0.15\quad 0.45\quad 0.10\quad 0.05)$。

则模糊综合评价集合 $\boldsymbol{B}=\boldsymbol{R}\cdot\boldsymbol{T}^{\mathrm{T}}=(0.930\quad 0.951)^{\mathrm{T}}$；采用最大隶属度原则，由集合 $\boldsymbol{B}$ 可知，2618铝合金管材为首选最优材料。

参考文献

[1] 陈庭根，管志川．钻井工程理论与技术［M］．东营：石油大学出版社，2000.

[2] 鄢泰宁．岩土钻掘工程学［M］．武汉：中国地质大学出版社，2001.

[3] 李子丰．油气井杆管柱力学及应用［M］．北京：石油工业出版社，2008.

[4] 胡宝清．模糊理论基础［M］．武汉：武汉大学出版社，2004.

[5] 普·阿·甘朱缅（苏）．岩心钻探实用计算［M］．高森，译．北京：地质出版社，1980.

[6] 武汉地质学院，等．岩心钻探设备及设计原理［M］．北京：地质出版社，1980.

[7] 刘希圣．钻井工艺原理［M］．北京：石油工业出版社，1988.

[8] 李诚铭．新编石油钻井工程实用技术手册［M］．北京：中国知识出版社，2006.

[9] 李建湘．铝合金特种管、型材生产技术［M］．北京：冶金工业出版社，2008.

[10] SHIN H C，NEW JIN H O，HUANG J C. Precipitation Behaviors in Al-Cu-Mg and 2014 Aluminum alloys［J］. Metall. Mater. Trans. A，1996，27A：2479-2483.

[11] 王建华．2618耐热铝合金的组织与力学性能的研究［D］．长沙：中南大学，2003.

[12] Aquatic Company and Maurer Engineering Inc. Development of aluminum drill pipe in Russia (Final Report TR99-23)［R］. Implement Russian Aluminum Drill Pipe and Retractable Drilling Bits into the USA，Contract NO. DE-FG26-98FT40128，1999.

[13] 宁爱林，将寿生，彭北山．铝合金的力学性能及其电导率［J］．轻金属材料，2005，(6)：34.

[14] 王恒．石油钻杆用耐热铝合金的组织和性能研究［D］．长沙：中南大学，2012.

第 4 章 铝合金钻杆结构优化设计

4.1 铝合金钻杆井下事故分析

铝合金钻杆技术作为俄罗斯科拉 SG-3 超深井三大特色技术之一，其一般由钢质的接头、铝合金杆体组成，杆体与接头连接通过螺纹“热过盈”嵌装方式连接而成，钢接头的使用以增加铝合金钻杆的拆装寿命及防磨性能。在科拉 SG-3 超深井实施过程中，出现的钻井问题可分为以下几种基本类型[1]：底部钻具（BHA）卡钻、钻柱破损失效、钻头破损失效、钻具组件失效、测井电缆故障。表 4-1 列出了科拉 SG-3 钻井问题的统计数据。从表 4-1 可以看出，科拉 SG-3 超深井在 0~12262m 范围内发生的所有类型钻井问题多数在不到 5 天就能解决。底部钻具卡钻主要是通过对钻柱施加达到允许值的上提解卡或使用震击器来解卡。用磁力打捞器将掉落钻具的碎片取出，用公锥和母锥等对落鱼钻具进行打捞，其中仅有 12 例与卡钻、断钻杆有关的事故处理无法用传统方法解决，需要通过绕障侧钻得以解决，侧钻进尺共计 11766m。

表 4-1　科拉 SG-3 超深井钻至 12262m 深度的钻井问题

序号	钻井问题	数量/例	占比（%）	绕障侧钻		侧钻进尺/m
				天数/天	百分率（%）	
1	底部钻具卡钻	140	38.5	1016	59	8359
2	钻柱破损失效	27	7.4	433	25	2372
3	钻头破损失效	112	30.7	-	-	-
4	钻具组件失效	72	19.8	21	1.2	62
5	测井电缆故障	8	2.2	-	-	-
6	其他	5	1.4	206	14.8	764
总计		364	100	1724	100	11766

科拉 SG-3 超深井井内事故及其延伸事故大多数是由底部钻具（BHA）卡钻引起的（140 个事件，占总比 38.5%）。在处理问题的过程中，当施加在钻柱上的解卡上提力超过了其允许值，并且载荷达到了极限值，通常会使钻柱拉断从而导致一系列其他井下事故。科拉 SG-3 超深井钻柱断裂一般发生在 9400～9800m 之间，很可能与该区域形成狗腿的强烈趋势有关，其不仅造成张力，而且使弯曲载荷作用于钻柱。由于“大肚子”井眼，致使打捞管柱的底部出现偏差，尝试打捞工具修复均以失败告终。因此，克服卡钻和断钻柱共同发生的井下事故的唯一方法是侧钻绕障处理。

钻柱断裂在总事故问题数量中占比较小，仅 7.4%（27 个事件）。然而考虑到其事故处理的解决成本与侧钻钻井成本是较高的。有关钻柱井下事故问题的详细信息汇总[1]，详见表 4-2。通过表 4-2 的科拉 SG-3 超深井钻柱失效原因分析，可以得出如下结论，即尽可能避免此类事故发生，减少此类问题的时间损失。首先，必须要注意工具接头的连接强度和疲劳失效等问题；同时，为减少因制造缺陷导致接头螺纹失效而造成的时间损失，在验收和中间检查过程中，必须保持严格的工具检查和无损评估。

表 4-2　科拉 SG-3 超深井钻柱失效原因分析

序号	失效原因	数量/例	占比（%）
1	工具接头螺纹失效	10	37
2	钻杆管体断裂失效	12	44
3	工具接头上扣扭矩不足致使破坏	2	8
4	工具接头质量问题	3	11
总计		27	100

4.2　接头等强度设计与性能测试

4.2.1　接头等强度设计

1. 钻杆设计准则

钻杆等强度设计准则，即接头螺纹根部截面屈服强度不小于杆体、内外螺纹强度基本一致；钻杆端部加厚形式包括外平内加厚、内平外加厚及内外加厚，加厚形式应综合考虑应用井深、钻进工艺、内管投放、事故处理、起钻、下钻、坐卡及其自动化操作等；接头与杆体连接形式（螺纹连接、加厚直联、摩擦焊

直联）、加厚端尺寸、螺纹等应结合生产制造中设备生产参数综合考虑。钻杆结构参数计算思路，如图 4-1 所示。

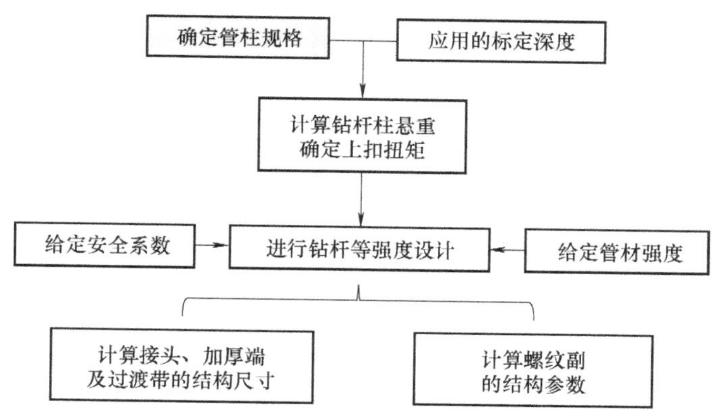

图 4-1　钻杆结构参数计算思路

2. 钻杆结构关系

根据图 4-2 的钻杆结构关系与等强度设计准则，建立了母接头壁厚≥公接头壁厚、接头壁厚≥杆体壁厚、螺纹小径+2 倍牙高=螺纹大径、台肩+螺纹纵向尺寸=接头壁厚尺寸关系计算模型，如下。

$$
\begin{cases}
\dfrac{S_{母端}}{S_{公根}}=\dfrac{D_o^2-(D_o-2x_1)^2}{(D_o-2x_1)^2-D_i^2}\geqslant\dfrac{1}{2}\\
(D_o-2x_1)^2-D_i^2\geqslant d_o^2-d_i^2\\
D_o^2-(D_i+2x_2)^2\geqslant d_o^2-d_i^2\\
D_o-2x_1=d_{根大}\\
D_i+2x_2=d_{端大}\\
d_{根小}=d_{根大}-2h\\
d_{端小}=d_{端大}-2h\\
x_1+x_2+(L-2P)\cdot Cone=\dfrac{D_o-D_i}{2}
\end{cases}
\tag{4-1}
$$

式中　$S_{母端}$——母接头近端部横截面积，单位为 mm^2；

$S_{公端}$——公接头根部横截面积，单位为 mm^2；

D_o、D_i——接头外径、接头内径，单位为 mm；

d_o、d_i——钻杆体外径、钻杆体内径，单位为 mm；

x_1、x_2——公螺纹台肩径向宽度、母螺纹根部台肩径向宽度，单位为 mm；

$d_{根大}$、$d_{端大}$——公接头螺纹大端大径、公接头螺纹小端大径，单位为 mm；
$d_{根小}$、$d_{端小}$——公接头螺纹大端小径、公接头螺纹小端小径，单位为 mm；
L——螺纹长度，单位为 mm；
P——螺距，单位为 mm；
$Cone$——螺纹锥度。

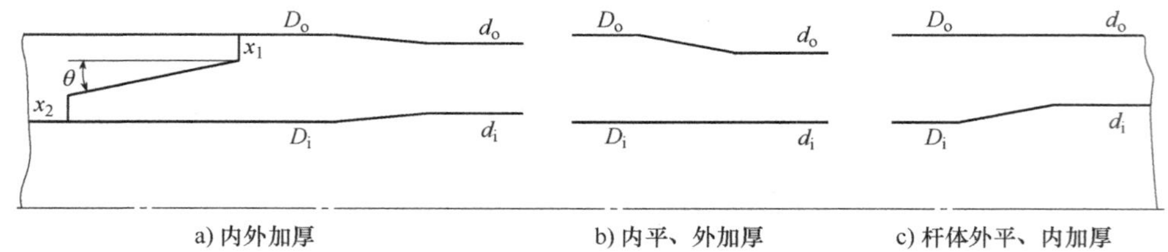

a) 内外加厚　　b) 内平、外加厚　　c) 杆体外平、内加厚

图 4-2　钻杆结构关系与等强度设计准则示意图

钻杆接头螺纹结构参数，如图 4-3、图 4-4 所示。

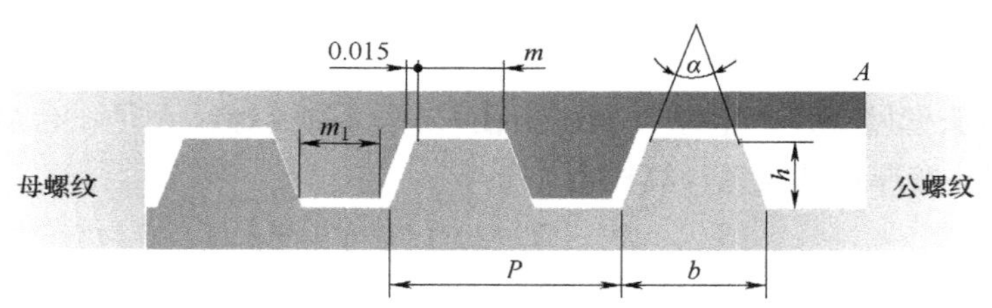

图 4-3　螺纹结构参数示意图

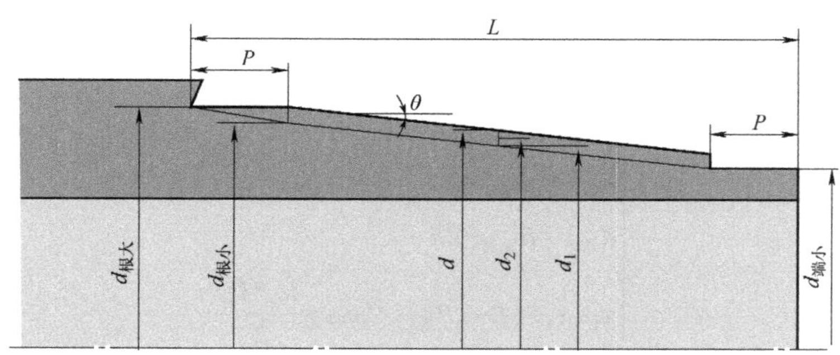

图 4-4　螺纹径向参数示意图

d—螺纹有效平均最大直径　d_1—螺纹有效平均最小直径　d_2—螺纹有效平均直径

3. 钻杆受力分析

在不考虑动载荷的影响下，钻杆体部分受到自重拉伸与工作扭矩扭转的作用；除此之外，钻杆接头还受到上扣扭矩的影响，同时接头处还存在螺纹连接

结构。在进行螺纹末端轴向力的确定时，除考虑自重产生的 F_a，还需要考虑上扣扭矩 T_u 与工作扭矩对螺纹所受轴向力的影响，如图 4-5 所示。

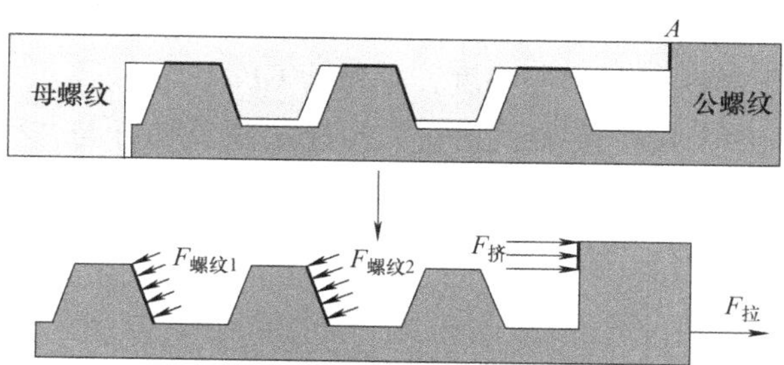

图 4-5　钻杆接头螺纹面及端部受力示意图

1）钻杆自重产生轴向力为

$$F_a = G_{杆} K a = \frac{\rho \cdot g \cdot l \cdot \pi (d_o^2 - d_i^2) \cdot K \cdot a \cdot 10^6}{4} \tag{4-2}$$

式中　F_a——自重产生的轴向力，单位为 kN；

$G_{杆}$——钻杆杆体自重，单位为 kN；

ρ——合金钢密度，单位为 g/cm^3；

l——钻柱长度，单位为 m；

K——浮力系数；

a——接头增重系数。

2）由上扣扭矩 T_u 产生的接头所受轴向力 F_u 为[2]

$$F_u = \frac{2T_u}{d_1 \cdot \tan(\rho' + \psi) + (D_o + d_{根小} + 2h) \cdot \mu} \tag{4-3}$$

其中，预紧应力 σ_u 与破坏应力 σ_s 之比为

$$\frac{\sigma_u}{\sigma_s} = 0.35\left(1 + \frac{1}{Q}\right) \tag{4-4}$$

式中　F_u——上扣扭矩 T_u 产生的接头所受轴向力，单位为 kN；

T_u——上扣扭矩，单位为 N · m；

ρ'——当量摩擦角，$\rho' = \arctan \dfrac{\mu}{\cos[\arctan(\tan\beta \tan\psi)]}$，单位为°；

ψ——螺纹螺旋升角，单位为°；

h——螺纹牙高，单位为 mm；

μ——有润滑脂作用下的螺纹动摩擦系数，取值 0.1；

Q——预紧系数，考虑到接头为冲击或动力拧紧，Q 取值为 2；

β——牙型半角，单位为°。

综上所述，推导得出由预紧产生的公螺纹轴向拉力为

$$F_u = 0.131\pi \cdot \sigma_s \cdot (d_1^2 - D_i^2) \tag{4-5}$$

式中　F_u——上扣扭矩 T_u产生的接头所受轴向力，单位为 kN；

σ_s——钻杆接头材料屈服强度，单位为 GPa。

3）钻进过程中，钻杆接头承受钻头与地层间及钻杆与井壁（套管）间碎岩、摩擦的反扭 T 而产生的轴向力为 F_b，其中 $T_{井壁}$与 $T_{钻头}$根据钻井实测数据归纳的公式计算。

$$T = T_{井壁} + T_{钻头} \tag{4-6}$$

$$T_{井壁} = \frac{\pi \cdot d_o \cdot \varepsilon_1 \cdot l}{1000} \tag{4-7}$$

$$T_{钻头} = \pi \cdot d_o^2 \cdot \varepsilon_2 \tag{4-8}$$

式中　T——工作扭矩，单位为 N · m；

$T_{井壁}$——井壁对钻杆产生的反扭矩，单位为 N · m；

$T_{钻头}$——地层对钻头产生的反扭矩，单位为 N · m；

ε_1——井壁磨阻系数，取 2.65；

ε_2——钻头反扭系数，取 0.011。

由此可推导计算出由反扭 T 而产生的轴向力为 F_b，公式如下

$$F_b = \frac{2T}{d_1 \cdot \tan(\rho' + \psi) + (D_o + d_{根小} + 2h) \cdot \mu} \tag{4-9}$$

式中　F_b——工作扭矩 T 产生的接头所受轴向力，单位为 kN。

4. 钻杆的强度要求

随着井深的不断增加，井口处钻杆所受轴向拉力逐渐增加，此得益于上扣扭矩的预紧作用，螺纹牙上的接触压力基本保持不变，扭矩产生的台肩面之间的挤压力逐渐减小[3]，当上扣扭矩产生的台肩挤压力为零时，钻柱长度达到设计的使用长度，即上扣扭矩产生的螺纹轴向力不小于设计钻柱总重力 F_a。因此，钻杆接头承受总的轴向力 F 的取值是 F_a与 F_b之和。

1）接头的拉伸与扭转强度。

接头除去螺纹部分占用空间外的有效抗拉强度校核公式如下

$$\sigma = \frac{F}{S_{公根}} = \frac{4F}{\pi[(D_o - 2x_1)^2 - D_i^2]} \leqslant [\sigma_s] \tag{4-10}$$

式中　σ——钻杆接头受到的轴向应力，单位为 GPa；

F——接头所承受总的轴向拉力，单位为 kN；

$S_{公根}$——公接头根部危险断面面积，单位为 mm^2；

$[\sigma_s]$——接头材料的许用拉伸应力，取 0.9σ_s，单位为 GPa。

接头除去螺纹部分占用空间外的有效扭转强度校核公式如下

$$\tau_{扭}=\frac{T+\frac{T_u}{3}}{W_p}=\frac{48(3T+T_u)\cdot d_{根小}}{\pi(d_{根小}^4-D_i^4)} \tag{4-11}$$

式中　$\tau_{扭}$——钻杆接头受到的切应力，单位为 GPa；

W_p——扭转截面系数，单位为 mm^3。

2）螺纹的剪切强度。

假设剪切应力平均分布在牙根端面上，由螺纹沿周向悬臂梁根部断面剪切，其剪切强度条件为

$$\tau=\frac{F_s\cdot\cos(\beta-\psi-\rho)}{S_r\cdot\cos\beta\cdot\cos\rho}\leqslant[\tau] \tag{4-12}$$

简化后为

$$\tau=\frac{F_s}{S_r}=\frac{F_s}{z\cdot\pi\cdot d_1\cdot b}\leqslant[\tau] \tag{4-13}$$

式中　F_s——接头螺纹所承受的剪切力，取 F，单位为 kN；

ρ——摩擦角，$\rho=\arctan\mu$；

S_r——齿根面积，单位为 mm^2；

z——螺纹有效作用牙数，$z=\frac{L}{P}-2$，单位为°；

b——螺纹牙底宽，单位为 mm；

$[\tau]$——接头材料的许用剪应力，取 $0.65R_m$，单位为 GPa。

3）螺纹的弯曲强度。

将螺纹牙展开，在螺纹齿高中点处受到平均分布力 F_M/z 作用下的悬臂梁，其最大弯曲应力为[4]

$$\sigma=\frac{M}{W}=\frac{\frac{F_M}{z}\cdot\frac{h}{2}}{\frac{\pi d_2\cdot b^2}{6}}=\frac{3F_M\cdot h}{\pi d_2\cdot b^2\cdot z}\leqslant[\sigma_w] \tag{4-14}$$

式中　M——螺纹受到的弯矩，单位为 N · m；

W——螺纹牙底截面模量，单位为 m^3；

F_M——螺纹侧面受到的分布载荷沿轴向的合力，取 F，单位为 kN；

h——螺纹齿高，单位为 mm；

$[\sigma_w]$——为许用弯曲正应力，取 σ_s，单位为 GPa。

4）螺纹的挤压强度。

$$\sigma=\frac{4F_{\mathrm{p}}}{\pi z\cdot(d^2-d_1^2)}\leqslant[\sigma_{\mathrm{p}}] \tag{4-15}$$

式中　F_{p}——接头螺纹所承受的挤压力，取 F，单位为 kN；

$[\sigma_{\mathrm{p}}]$——材料的许用挤压应力，取 $2R_{\mathrm{m}}$，单位为 GPa。

5）自锁。

$$\psi=\arctan\frac{P}{\pi d_2}\leqslant\rho' \tag{4-16}$$

式中　ρ'——当量摩擦系数。

5. 螺纹参数强度校核

1）公螺纹大端小径 $d_{根小}$。

根据公式（4-2）、公式（4-9）、公式（4-10）可计算螺纹根部轴向拉伸应力 $\sigma_{拉}$，根据公式（4-11）可计算螺纹根部切应力 $\tau_{扭}$，代入公式（4-17）可计算出螺纹大端小径 $d_{根小}$。

$$[\sigma]=\sqrt{\sigma_{拉}^2+3\tau_{扭}^2}\leqslant\frac{\sigma_{\mathrm{s}}}{n} \tag{4-17}$$

式中　n——设计安全系数。

2）螺纹长度 L。

假设接头根部被拉伸破坏时，螺纹牙也被挤压破坏，可进行最短螺纹长度的计算。即满足$\frac{S_{公根}}{S_{\mathrm{p}}}=\frac{[\sigma_{\mathrm{p}}]}{[\sigma_{\mathrm{s}}]}$，可推出：

$$L_{\min}=\frac{F\cdot P\cdot n}{\pi\sigma_{\mathrm{s}}\cdot scf\cdot(h-R_1-R_2)\cdot(d+d_1)}+2P \tag{4-18}$$

根据螺纹几何关系，可推出：

$$d+d_1=2d_{根小}-Cone\cdot(L-2P)+2h \tag{4-19}$$

将公式（4-19）代入公式（4-18），解关于 L 的一元二次方程，可得到 $L_{\min}$。

式中　scf——螺纹应力集中因子，可取 0.6；

R_1、R_2——螺纹齿顶、齿根的圆角半径，单位为 mm。

3）螺纹牙高 h。

假设接头根部被拉伸破坏时，螺纹牙也被挤压破坏，可进行最小螺纹牙高的计算，即

$$h_{\min}=\frac{F\cdot n}{\pi\sigma_{\mathrm{s}}\cdot scf\cdot\left(\frac{L}{P-2}\right)\cdot(d+d_1)}+R_1+R_2 \tag{4-20}$$

将式（4-19）代入式（4-20），解关于 h 的一元二次方程，可得到 $h_{\min}$。

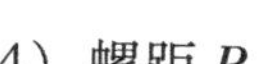

4）螺距 P。

根据式（4-15）可推导出螺距 P_{max}，即

$$P_{max}=\frac{\pi\sigma_s \cdot L \cdot scf \cdot (h-R_1-R_2) \cdot (d+d_1)}{F \cdot n+2\pi\sigma_s \cdot scf \cdot (h-R_1-R_2) \cdot (d+d_1)} \tag{4-21}$$

将式（4-19）代入式（4-21），解关于 P 的一元二次方程，可得到 P_{max}。

5）接头外径 D_o。

根据受力满足第四强度理论及式（4-1），可计算出接头外径 D_o。

6. 钻杆结构及螺纹参数计算结果

选用国家和行业标准中的钻杆体规格，并综合考虑台架测试能力，钻杆设计应用深度极限为 5500m，给定设计安全系数为 2.0、接头选择 API 标准中 S135 钢级强度；假定钻杆定尺长度为 9m、接头增重系数为 1.05、泥浆密度 1.05g/cm^3，可计算出钻柱的悬重及确定其上扣扭矩值。再结合式（4-1）、式（4-11）~（4-15）及式（4-17），并考虑井筒直径与科学钻探绳索取心工艺需求，可计算出接头外径 D_o与内径 D_i及螺纹大端大径 $d_{根大}$与螺纹小端大径 $d_{端大}$；以及给定的牙型角、螺纹锥度、螺距、螺纹长度、牙高等，根据式（4-18）~式（4-21）求出 L_{min}、h_{min}、P_{max}，验证最初给定的 L、h、P 是否合理，若不合理则根据计算出的极值重新给定。

综合以上计算，给出了钻杆尺寸和螺纹参数计算结果，见表 4-3。从表中可知，基于钻井设计深度，从钻柱刚度、抗腐蚀能力等方面考虑，参考标准杆体的壁厚；依据等强度设计原则，综合考虑环空间隙、螺纹参数、内管打捞投放及井口操作等事宜，确定钻杆接头结构有效满足绳索取心钻进工艺需求，还可高效满足起钻、下钻、坐卡及其自动化操作，同时在不过多牺牲岩心直径的条件下，满足了内管总成的高效投放与打捞；加大了螺纹锥度可有效提高加接单根时螺纹的对中性；通过增加螺纹长度和螺纹扣高，优化设计接头尺寸，使整体管柱的结构与环空尺寸合理化。

表 4-3　等强度设计接头螺纹副结构参数

锥度 *Cone*	螺纹长度 L/mm	螺纹长度 L_{min}/mm	螺距 P/mm	螺距 P_{max}/mm	杆体外、内径/ mm
1：12 （给定值）	70 （给定值）	58.39 （计算值）	8 （给定值）	11.93 （计算值）	88.9、77.9 （给定值）
牙型高度 h/mm	牙型高度 h/mm	牙顶宽 m_1、m/mm	螺纹大端大径 $d_{端大}$/mm	螺纹小端大径 $d_{端大}$/mm	接头外、内径/ mm
1.3 （给定值）	1.07 （计算值）	3.652、3.637 （计算值）	87.18 （计算值）	82.68 （计算值）	95.47、69.9 （计算值）

4.2.2 接头性能理论计算

1. 接头受力分析

从科拉 SG-3 超深井钻柱失效原因分析（见表 4-2）中可以看出，钻杆接头为钻杆的薄弱部分。因此，以钻杆接头为研究对象，开展受力分析。在接头通过螺纹相互旋入拧紧的过程中，由于螺旋升角和双台肩面的结构约束，随着公、母接头相对旋转，公螺纹沿轴向持续产生位移且台肩面挤压程度逐渐加剧，直到公接头根部发生屈服变形。此时，公接头主台肩与副台肩分别受到向左的轴向力 F_1、F_2，公螺纹受到相反方向的轴向力 F_t，公接头杆体连接端受到的扭矩为 T，如图 4-6 所示。

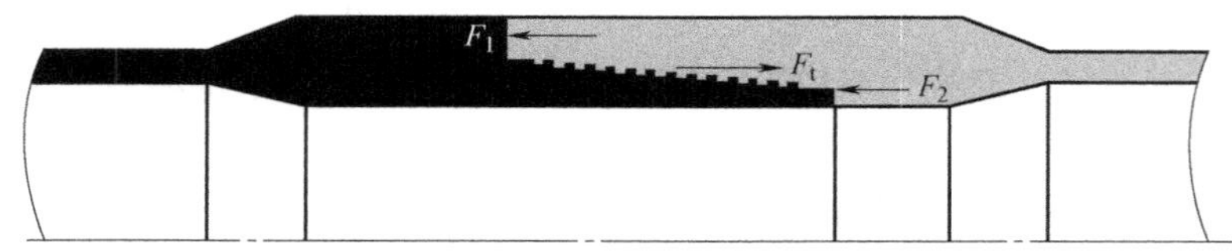

图 4-6　公接头受力示意图

根据力的平衡方程可知

$$F_1 \cdot \mu \cdot r_1 + F_2 \cdot \mu \cdot r_2 + F_t \cdot r_t \cdot U = T \tag{4-22}$$

$$F_t = F_1 + F_2 \tag{4-23}$$

式中　r_1——主台肩的摩擦力产生扭矩的等效力臂，取 $0.25[D_o+(d+2h)]$，单位为 mm；

r_2——副台肩的摩擦力产生扭矩的等效力臂，取 $0.25[d-(L-2P)\cdot Cone+D_i]$，单位为 mm；

r_t——螺纹牙侧面的摩擦力产生扭矩的等效力臂，取 $0.5[d-0.5(L-2P)\cdot Cone+h]$，单位为 mm；

μ——接触面摩擦系数，取 0.1；

U——梯形螺纹切向力转换系数，取 $\tan(\rho'+\psi)$；

ρ'——当量摩擦角[2]，$\rho'=\arctan\dfrac{\mu}{\cos[\arctan(\tan\beta\tan\psi)]}$，单位为°；

ψ——螺纹螺旋升角，取 $\arctan\left(\dfrac{P}{2\pi r_t}\right)$，单位为°；

β——牙型半角，一般取 15°。

由于设计的公、母接头螺纹长度相等，且主、副台肩轴向长度均为单个螺

距长度，则在接头相互拧紧的过程中，主、副台肩受到的轴向应变相等。根据胡克定律可知主、副台肩受到的轴向应力相等，所以 F_1 与 F_2 的比值等于主、副台肩接触面积之比，即

$$\frac{D_o^2-(d+2h)^2}{[d-(L-2P)\cdot Cone]^2-D_i^2}=\frac{F_1}{F_2} \tag{4-24}$$

取主、副台肩接触面积比值 $C=\dfrac{D_o^2-(d+2h)^2}{[d-(L-2P)\cdot Cone]^2-D_i^2}$，则

$$F_1=C\cdot F_2 \tag{4-25}$$

设公螺纹大端根部横截面受到的扭矩与轴向力分别为 T_w、F_w，根据力的平衡方程可知

$$T_w=T-F_1\cdot\mu\cdot r_1 \tag{4-26}$$

$$F_w=F_1 \tag{4-27}$$

公螺纹大端根部横截面作为危险截面，根据第四强度理论得

$$\sqrt{\left(\frac{F_w}{A}\right)^2+3\left(\frac{T_w}{W}\right)^2}=\sigma_s \tag{4-28}$$

式中　A——危险截面面积，取 $0.25\pi(d^2-D_i^2)$，单位为 mm^2；

W——危险截面扭转截面系数，取 $0.0625\pi\dfrac{(d^2-D_i^2)}{d}$，单位为 mm^3；

σ_s——钻杆材料屈服强度，单位为 MPa。

将式（4-26）、式（4-27）代入式（4-28），并结合式（4-22）、式（4-23）、式（4-25），解关于 F_1、F_2、F_t、T 的四元二次方程组得

$$\begin{cases}F_1=\dfrac{\sigma_s\cdot A\cdot C\cdot W}{\sqrt{C^2\cdot W^2+3A^2\cdot(r_2\cdot\mu+r_t\cdot U+r_t\cdot U\cdot C)^2}}\\ F_2=\dfrac{\sigma_s\cdot A\cdot W}{\sqrt{C^2\cdot W^2+3A^2\cdot(r_2\cdot\mu+r_t\cdot U+r_t\cdot U\cdot C)^2}}\\ F_t=\dfrac{\sigma_s\cdot A\cdot W(1+C)}{\sqrt{C^2\cdot W^2+3A^2\cdot(r_2\cdot\mu+r_t\cdot U+r_t\cdot U\cdot C)^2}}\\ T=\dfrac{\sigma_s\cdot A\cdot W\cdot(r_1\cdot\mu\cdot C+r_2\cdot\mu+r_t\cdot U+r_t\cdot U\cdot C)}{\sqrt{C^2\cdot W^2+3A^2\cdot(r_2\cdot\mu+r_t\cdot U+r_t\cdot U\cdot C)^2}}\end{cases} \tag{4-29}$$

根据推荐上扣扭矩的旋转应力值为 $0.6\sigma_s$，可知上扣扭矩为

$$T_{0.6}=\frac{0.6\sigma_s\cdot A\cdot W\cdot(r_1\cdot\mu\cdot C+r_2\cdot\mu+r_t\cdot U+r_t\cdot U\cdot C)}{\sqrt{C^2\cdot W^2+3A^2\cdot(r_2\cdot\mu+r_t\cdot U+r_t\cdot U\cdot C)^2}} \tag{4-30}$$

在进行钻杆接头抗拉强度计算时，对于用推荐上扣扭矩旋紧的钻杆接头，在其两端受到逐渐增加的轴向拉伸载荷作用过程中，当 $0 \leqslant F \leqslant 0.6F_t$ 时，公接头危险截面受到的轴向力小于 $0.6F_t$；当 $F>0.6F_t$ 后，台肩面相互分离而失去密封能力，公接头危险截面受到的轴向力等于 F，直到屈服或断裂。因此，危险截面断裂时横截面受到的轴向力等于拉伸载荷 F，假设此时忽略扭矩作用，则钻杆接头抗拉强度为

$$F = R_m \cdot A \tag{4-31}$$

2. 力学性能计算结果

取钻杆接头材料的抗拉强度 R_m 与屈服强度 σ_s 分别为 1050MPa 和 931MPa，则根据上述分析结论，等强度设计接头（见表 4-3）的力学性能与推荐上扣扭矩见表 4-4。

表 4-4　钻杆接头力学性能计算结果

推荐上扣扭矩/kN·m	拉伸屈服强度/kN	抗拉破坏强度/kN	扭转屈服强度/kN·m	抗扭破坏强度/kN·m
15.4	1648.0	1858.6	25.6	28.9

4.2.3　接头性能仿真分析

1. 三维建模与网格划分

钻杆之间通过接头螺纹结构实现相互连接，公螺纹与母螺纹之间的受力分析涉及材料非线性、几何非线性和接触非线性，因而要建立完整而精确的数学模型，并求得解析解非常困难[3-6]。基于 Abaqus 有限元分析软件钻杆接头三维建模，通过分块网格划分法对钻杆接头进行网格划分，螺纹部分使用精细网格，螺纹基体使用相对稀疏的网格，整个有限元模型的节点个数与单元个数见表 4-5。模型考虑了螺纹的螺旋升角，可以精确地模拟螺纹根部的应力集中和螺纹面上的接触压力，网格划分如图 4-7 所示。

表 4-5　有限元模型节点个数与单元个数

类别	公接头基体	公接头螺纹	母接头基体	母接头螺纹
节点个数	12800	21880	10800	23076
单元个数	9280	10935	7040	11532

2. 边界条件与位移约束

通过定义边界条件与施加位移约束，固定母接头杆体端，并对公接头沿轴

向施加 3mm 准静态拉伸位移，模拟钻杆接头拉伸破坏过程，断裂前钻杆接头应力云图如图 4-8 所示。

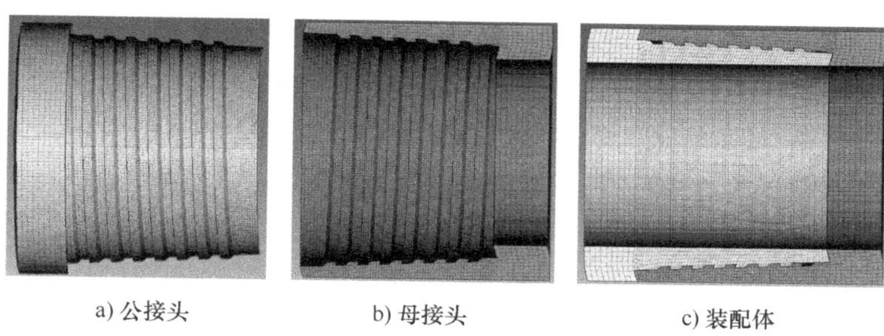

a) 公接头　　b) 母接头　　c) 装配体

图 4-7　接头三维模型网格划分

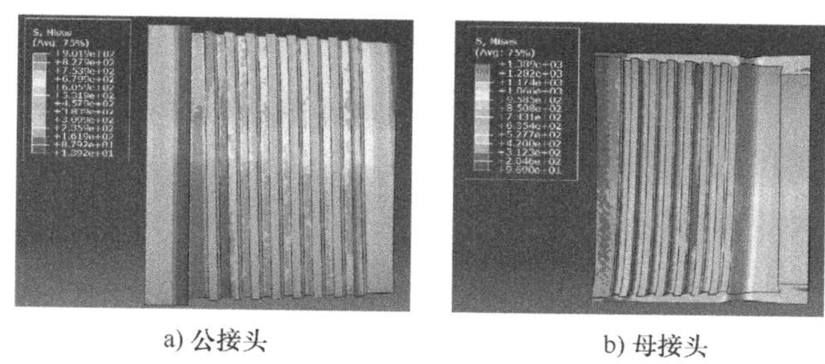

a) 公接头　　b) 母接头

图 4-8　断裂前钻杆接头应力云图 1

通过定义边界条件与施加位移约束，固定母接头杆体端，并对公接头沿上扣转动方向周向施加 180°准静态角位移，模拟钻杆接头扭转破坏过程，断裂前钻杆接头应力云图如图 4-9 所示。

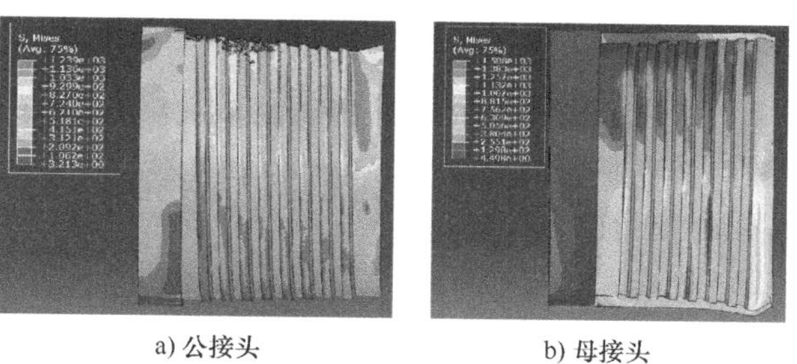

a) 公接头　　b) 母接头

图 4-9　断裂前钻杆接头应力云图 2

3. 模拟结果

在钻杆接头有限元分析过程中，材料的弹塑性屈服判据为 von Mises 屈服准则，即在一定的变形条件下，当材料的单位体积形状改变的弹性位能（又称弹性形变能）达到材料极限值时，材料发生屈服。在约束位移的作用下，当接头内部某单元的等效应力达到材料的屈服强度时，对应载荷为接头屈服强度；当接头内部某单元的等效应力达到材料的抗拉强度时，对应载荷为接头抗拉强度。通过后处理分析，钻杆接头的抗拉强度为 1946.0kN，抗扭屈服强度为 24.0kN · m。

4.2.4 台架测试与理论和仿真分析

扭转试验表明，当钻杆接头试件两端施加扭矩达到 27.3kN · m 时，主台肩发生涨扣。拉伸试验表明，当手动拧紧的钻杆接头试件两端施加拉伸载荷达到 1906kN 时，公、母接头同时在螺纹根部发生断裂；当对施加了 27.3kN · m 上扣扭矩的钻杆接头两端施加的拉伸载荷达到 1884kN 时，公螺纹根部发生断裂，两种情况下的断口如图 4-10 所示；施加上扣扭矩拧紧接头试件的抗拉强度和手动拧紧接头试件的抗拉强度相差 1.2%。因此，在计算上扣扭矩拧紧钻杆接头的抗拉强度时，基本可以忽略扭矩影响，可直接按式（4-31）进行计算。

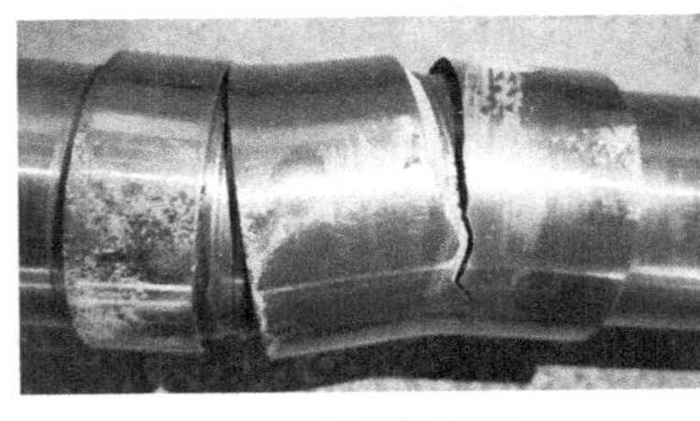

a) 手动拧紧接头试件

b) 上扣扭矩拧紧接头试件

图 4-10　台架试验试件断口

综合理论计算、有限元仿真和台架测试对比结果，见表 4-6。从表中我们可以看出，抗拉强度计算结果，与有限元分析结果相差 4.49%，与台架测试结果相差 2.49%；抗扭屈服强度计算结果，与有限元分析结果相差 6.67%，与台架测试结果相差 6.23%，这可能是由于模型简化、网格划分、软件算法及测量温度、仪器灵敏度和接头机加工等误差导致结果存在一定差别。但更大规格尺寸钻杆台无台架可以开展样品测试，从生产试验测试的经济型和可行性角度出发，本理论方法和计算的结果与台架测试结果、有限元仿真结果已经非常接近，这一对比结果很好的验证了钻杆接头力学性能计算理论方法的准确性与可行性，对双台肩钻杆接头力学性能确定具有很好的指导意义，在后续科学超深井钻杆接头设计和力学性能计算时可作为技术支撑。

表 4-6　钻杆接头设计力学性能对比

抗拉强度/kN			抗扭屈服强度/kN · m		
理论计算	有限元仿真	台架测试	理论计算	有限元仿真	台架测试
1858.6	1946.0	1906.0	25.6	24.0	27.3

4.3　钻杆微动疲劳寿命分析与结构优化

4.3.1　有限元模型

1. 几何模型与网格划分

钢接头与铝杆体连接处的网格划分实体模型，见图 4-11；铝合金钻杆规格尺寸参数，见表 4-7。铝杆体及其螺纹包含 138556 个单元，钢接头及其螺纹包含 70369 个单元。为了较精确的计算单元中的应力，除钢接头倒圆部分使用少量的五面体楔形单元外，其余部分统一采用三维六面体二次单元，并且在微动疲劳失效处采用较小尺寸单元。

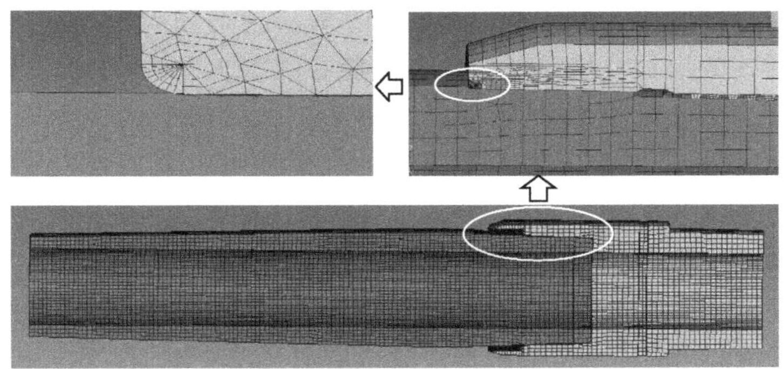

图 4-11　网格划分实体模型

表 4-7　铝合金钻杆规格尺寸参数

接头外径/mm	接头内径/mm	杆体加厚段外径/mm	杆体外径/mm	杆体内径/mm	定尺长度/m
193.68	112.71	168.00	147.00	114.65	9.40

2. 材料参数

ϕ147mm 规格铝合金钻杆材料参数，见表 4-8。

表 4-8 ϕ147mm 规格铝合金钻杆材料参数

部位	密度/g·cm^{-3}	弹性模量/MPa	剪切模量/MPa	屈服强度/MPa	抗拉强度/MPa	伸长率（%）
钢接头	7.85	210000	79000	920	999	9.5
铝杆体	2.78	71000	27000	340	410	8.0

3. 边界条件及载荷

为模拟钢接头与铝杆体之间的微动疲劳破坏过程，将钢接头一端固定，钻杆分别施加 273N·m、486N·m 和 4377N·m 的弯矩，即模拟钻柱在井下变形的正弦曲线半波长 80m、60m、20m 时工况；钢接头与铝杆体之间的摩擦系数设定为常数 0.2；载荷角速度分别取 20r/min、40r/min 和 80r/min；钢接头的倒圆分别选择 R0.1～0.3mm 和无倒圆两种情形。

4.3.2 计算结果分析

1. 转速对疲劳寿命的影响

图 4-12 所示为钻杆弯矩为 2000N·m 时，铝合金钻杆钢接头与铝杆体连接处的微动疲劳寿命与钻杆转速的关系曲线。图中显示，在接触倒圆相同的情况下，接触部位的疲劳寿命随着钻杆转速的增大而减小，这是因为随着钻杆转速的增加，接触部位的应变能在接触间隔时间内来不及释放，同时又伴随着第二次接触时应变能的输入，使接触处的应力峰值保持在一个较高的水平，并保持着一个较高的加载频率，从而使疲劳寿命相对较低。

2. 接触倒圆对疲劳寿命的影响

图 4-13 所示为接触倒圆与微动疲劳寿命关系曲线。在钻杆转速不变的情况下，随着倒圆角的出现，接触部位疲劳寿命会相应增加，这是因为，此时接触处的边界条件的改变相对比较平稳，同时圆角的存在降低了接触处相互挤压的剧烈程度，从而可以有效降低接触处的应力峰值。但随着倒圆半径的增大，钻杆的损伤区域（包括表面与纵向深度）扩大，因此接触倒圆存在一个临界值，当倒圆半径小于此临界值时，钻杆的微动疲劳寿命主要取决于钢接头与钻杆的接触情况；当倒圆半径大于此临界值时，钻杆的微动疲劳寿命主要取决于钻杆的损伤区域及深度，即钻杆的疲劳寿命由微动转化

为常规疲劳寿命的计算。根据图 4-13 中的拟合公式进行估算，该临界值为 $R0.45$mm。

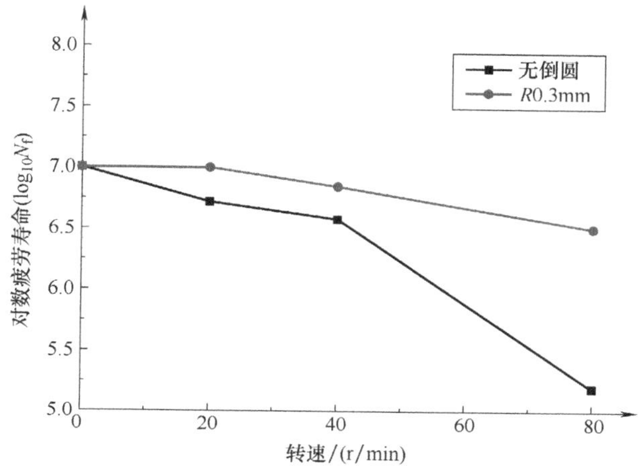

图 4-12 微动疲劳寿命与钻杆转速的关系曲线

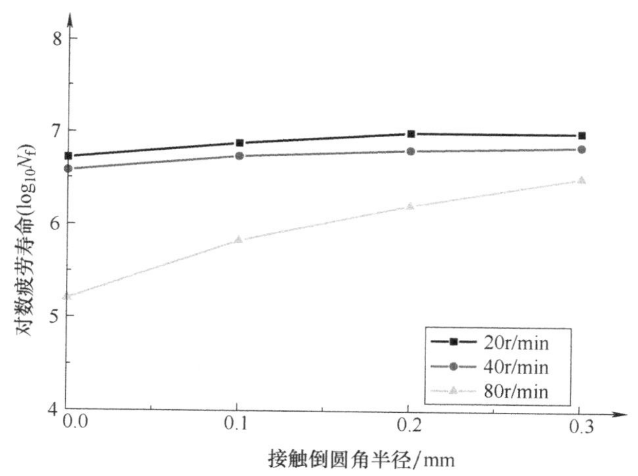

图 4-13 接触倒圆与微动疲劳寿命关系曲线

3. 弯矩对疲劳寿命的影响

从图 4-14 可以看到，从理论意义上来讲，除了 80r/min 的两种情况，当钻杆内弯矩小于 486N · m 且转速在 40r/min 以下时，钢接头与铝杆体接触部位发生疲劳破坏概率极低。同时也可以看出，当接触倒圆控制在 $R0.3$mm、转速在 20r/min 时，铝合金钻杆疲劳寿命与弯矩无关。

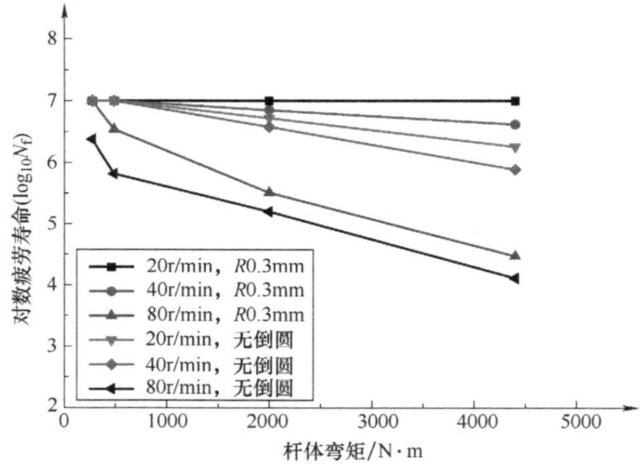

图 4-14　弯矩对疲劳寿命的影响曲线

参 考 文 献

[1] Aquatic Company and Maurer Engineering Inc. Development of aluminum drill pipe in Russia (Final Report TR99-23) [R]. Implement Russian Aluminum Drill Pipe and Retractable Drilling Bits into the USA, Contract NO. DE-FG26-98FT40128, 1999.

[2] 山本晃. 螺纹联接的理论与计算 [M]. 郭可谦，高素娟，等译. 上海：上海科学技术文献出版社，1984.

[3] 狄勤丰，陈锋，王文昌，等. 双台肩钻杆接头三维力学分析 [J]. 石油学报，2012，33 (5)：871-877.

[4] 梅凤翔. 工程力学 [M]. 北京：高等教育出版社，2003.

[5] 冯清文. 绳索取心钻杆螺纹锥度与强度关系及应力研究 [J]. 探矿工程（岩土钻掘工程），1995，22 (6)：24-26.

[6] 梁健，郭宝科，孙建华，等. 深孔绳索取心钻杆抗拉脱能力有限元分析 [J]. 煤田地质与勘探，2013，41 (2)：90-93.

第5章 铝合金钻杆生产工艺

5.1 铝合金钻杆杆体制造工艺

5.1.1 铝合金钻杆制造技术流程

铝合金钻杆的制造包括杆体的制造和钢接头的制造，具体技术流程如图5-1所示，与钢钻杆制造工艺不同，铝合金钻杆杆体的制造采用在卧式挤压机上用随动针或固定针进行正向穿孔挤压的方法，已形成了先进的流水作业线[1-2]。铝合金钻杆的生产工艺流程中重要的专用设备包括：铸锭熔铸炉组、均匀化炉、卧式液压挤压机，卧式连续淬火装置、拉伸矫直机、管材辊矫机等。铝合金钻杆一般的制造过程为：预热模具后，将空心铝合金锭坯在循环风炉中加热预定温度，装入挤压机挤压筒内，同时在铝合金锭坯表面及挤压筒内表面涂覆润滑剂，再进行挤压成形，最后完成铝合金管材的热处理、矫直及表面处理等[3-5]。

铝合金钻杆的制造难点主要在于铝合金钻杆杆体的挤压工艺和杆体与钢接头的装配工艺。铝合金钻杆杆体采用固定垫全润滑（挤压筒、挤压针、挤压垫），无残料随动针挤压，变断面一次成形，涉及的关键技术主要包括优质铝合金锭坯的制造、模具与挤压针的设计制造、挤压工艺的设计（挤压比、挤压温度、挤压速度、润滑剂配比）等[6-9]；杆体与钢接头的装配主要通过冷装配和热装配的方式实现，小直径铝合金钻杆也使用固定扭矩的装配方式。螺纹连接部位是铝合金钻杆最薄弱的部位，装配精度和质量直接影响了钻杆的可靠性，合理有效的装配工艺能够提高铝合金钻杆的使用寿命[10-11]。

5.1.2 铝合金钻杆杆体挤压工艺技术

1. 内加厚钻杆工模具设计

挤压针和模具作为铝合金钻杆杆体内、外表面成形的工模具，其设计制造

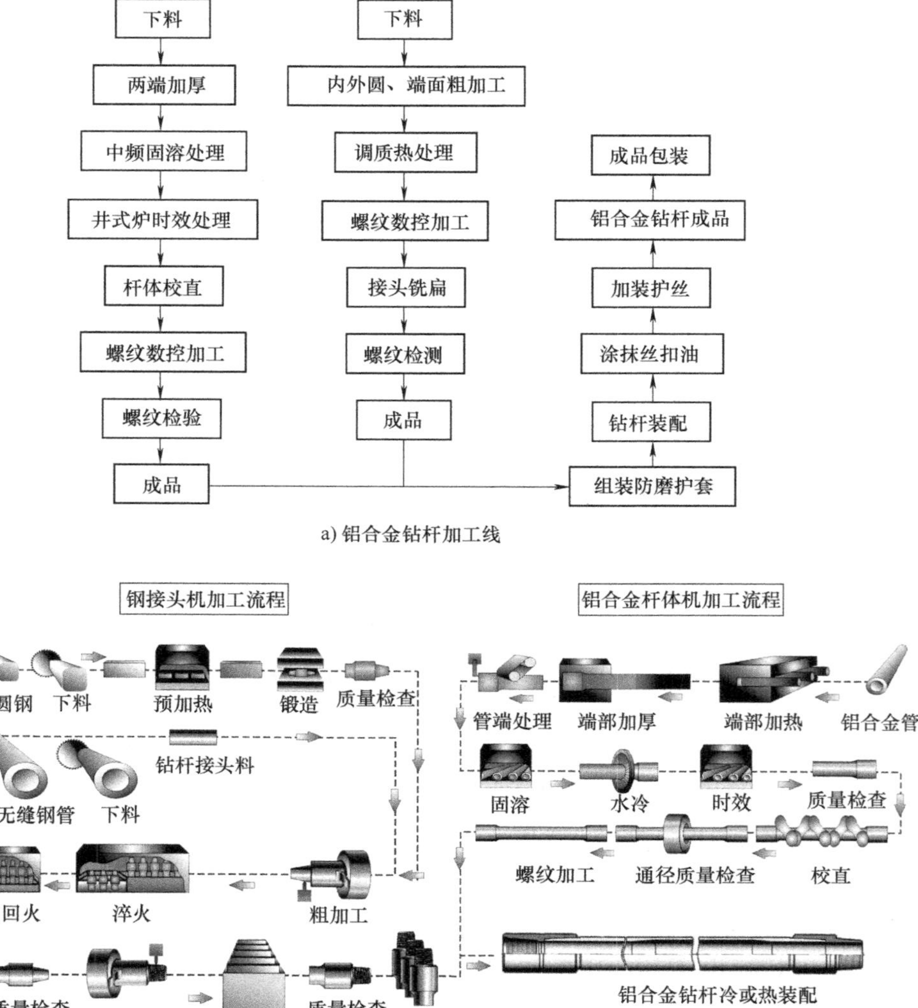

a) 铝合金钻杆加工线

b) 铝合金钻杆加工流程

图 5-1　铝合金钻杆制造技术流程

的质量直接影响杆体成形中的应力和尺寸偏差。挤压针主要用于控制杆体内径，其锥形段是控制变断面杆体成形及内表面成形质量的关键部分[12]。模具主要用于控制杆体外径，设计的主要参数包括模具端部锥角、工作带角度及圆弧、模具空刀尺寸等，端部锥角越小，铝合金表面的杂质可能被挤入模孔，端部锥角

越小，等效应力和等效应变会增大[13]。

根据现有设备的技术条件，挤压针的运动形式可分为 4 种：模具静止不动，挤压针相对模具静止，挤压轴相对模具前进，挤压针相对挤压轴后退，挤压针后退速度与挤压轴前进速度相同；模具静止不动，挤压针及挤压轴相对模具前进，挤压针与挤压轴相对静止；模具静止不动，挤压针及挤压轴相对模具前进，挤压针前进速度大于挤压轴前进速度；模具静止不动，挤压针相对模具后退，挤压轴相对模具前进，挤压针相对挤压轴后退。

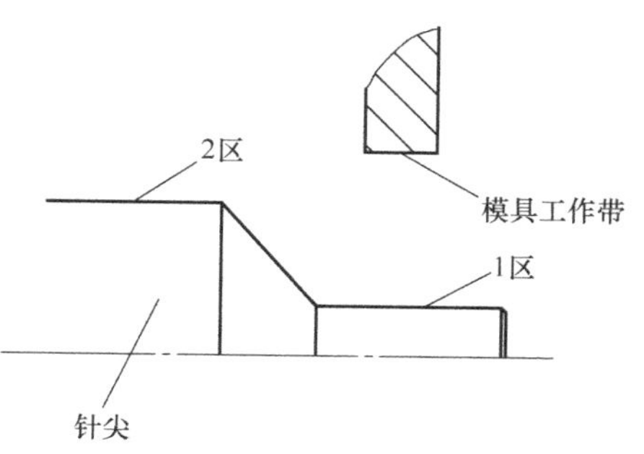

图 5-2　内加厚钻杆工模具原理图

挤压针的外形尺寸根据其前进形式的不同会有相应的改变，图 5-2 中 1 区、2 区平面区域可根据现有普通无缝管原理设计。

模具工作带与 1 区平面配合，形成钻杆内加厚部分；模具工作带与 1、2 区之间配合，形成钻杆内加厚与薄壁之间过渡部分；模具工作带与 2 区平面配合，形成钻杆薄壁部分。完整加工流程如图 5-3 所示。

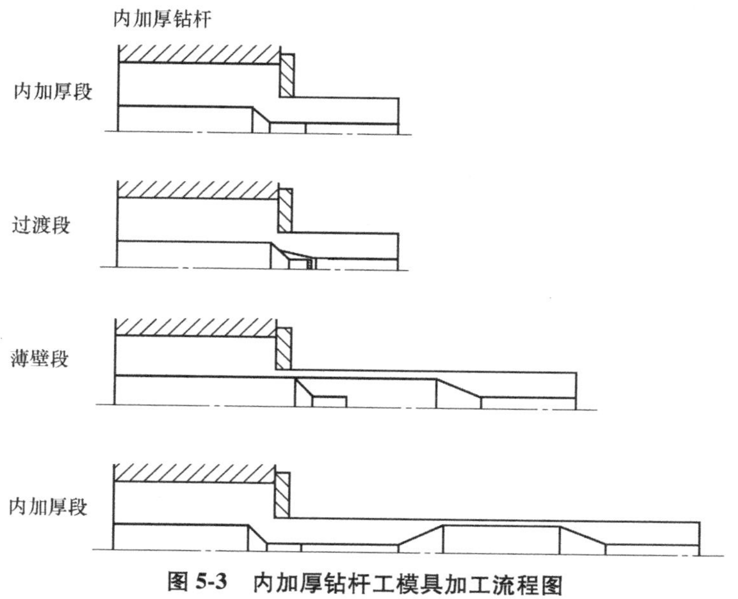

图 5-3　内加厚钻杆工模具加工流程图

由于管材过渡段的长度有要求，所以在挤压过渡段时，挤压针的行走时间会被限制在一定范围内，具体可根据挤压速度及平均挤压系数算出。

2. 内加厚钻杆杆体试制生产技术问题及解决方案

以7A04铝合金为杆体材料试制内加厚铝合金钻杆，对生产过程中存在的技术问题进行总结和分析，并提供解决方案。

（1）第1次试挤压　使用6005A铝合金铸锭作为调试程序，用7A04铝合金铸锭正常生产。

1）存在的问题。

对使用7A04铝合金铸锭生产出来产品的各部分尺寸及外观进行检验后，发现有如下问题：

内加厚过渡部分长度大于标准中给定的长度。

头端内表面粗糙、内加厚过渡部分表面粗糙、起皮。

内加厚过渡部分产生缩颈。

2）问题分析。

根据现有生产型材及普通无缝管材总结来看，导致内表面粗糙的原因有多种，如铸锭温度过高、挤压速度过快、挤压针工作带处的硬度及光洁度不够等，对管材的内表面都有影响，另外的原因是在内加厚过渡到薄壁的过程中，挤压系数由小变大产生了大量的摩擦热，促使此区域的温度急剧升高，导致内腔粗糙。从现有普通无缝管生产来看，本次试挤压的挤压速度并不快，而挤压针在上机前，挤压针的工作带在车床上已经经过了抛光，其表面的光洁度可以满足使用要求，所以最有可能的原因是温度加热过高和挤压系数改变。

内加厚过渡部分长度大于标准中给定的长度，主要原因是挤压针未在规定时间内完成行走过程，这在下次生产时可调整设备程序。

内加厚过渡部分表面起皮可能与挤压针穿孔有关。在挤压过渡部分时，金属的流动状态可能被改变，而挤压针的穿孔会增加金属流动状态改变的剧烈程度，因此使内表面出现起皮的现象。

至于内加厚过渡部分产生缩颈的主要原因可能有两个，一是金属的流动状态被改变所致；二是在过渡过程中，由于挤压针与模具的相对位置发生改变，产生供料不足，从而导致缩颈。

3）解决方案。

针对内表面粗糙问题，降低铸锭加热温度，在挤压过程中降低挤压速度。

针对内表面起皮问题，改变挤压针的运行方式。

针对缩颈问题，更改挤压针形式。

（2）第2~9次试挤压

1）存在的问题。

根据第1次试挤压后制定的解决方案，进行了多次的试挤压，头端内表面

粗糙、内加厚过渡部分长度问题已经得到了改善，但内加厚过渡部分表面粗糙、起皮和缩颈几项关键问题依然未解决。根据图 5-4 检验结果来看，在 4~11 位置及 25~39 位置的直径都有明显的减小。

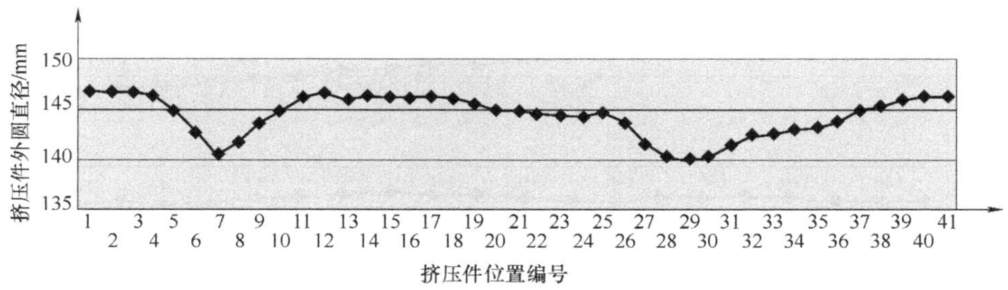

图 5-4　试挤压后钻杆内加厚过渡部分的直径

2）问题分析。

针对缩颈和起皮问题，将挤压针形式进行了几次更改，具体形式如图 5-5 所示。

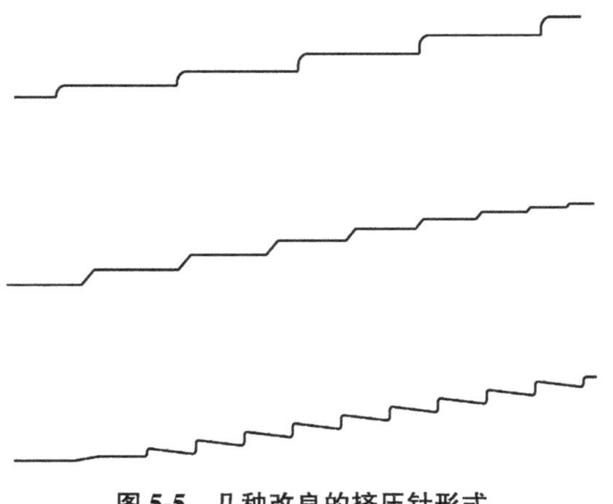

图 5-5　几种改良的挤压针形式

以上几种方案并未起到改善的作用，因此在第 11 次试挤压后准备改变问题的解决方向。

根据图 5-5 可知，在变径的过程中，模具工作带与挤压针会有相对移动，即模具工作带和挤压针 1 区所形成的直线区；模具工作带和挤压针 1 区、2 区之间所形成的斜面区；模具工作带和挤压针 2 区所形成的直线区。每经过一个区域时材料外径都会有变化。

3）解决方案。

调整挤压针的最大、最小直径及挤压针斜面区域。

（3）第 10 次试挤压　根据第 9 次试挤压后制定的更改方案，进行了第 10

次试挤压，从产品的尺寸和外观检验结果来看，缩颈问题已成功解决，具体数据如图 5-6 所示。

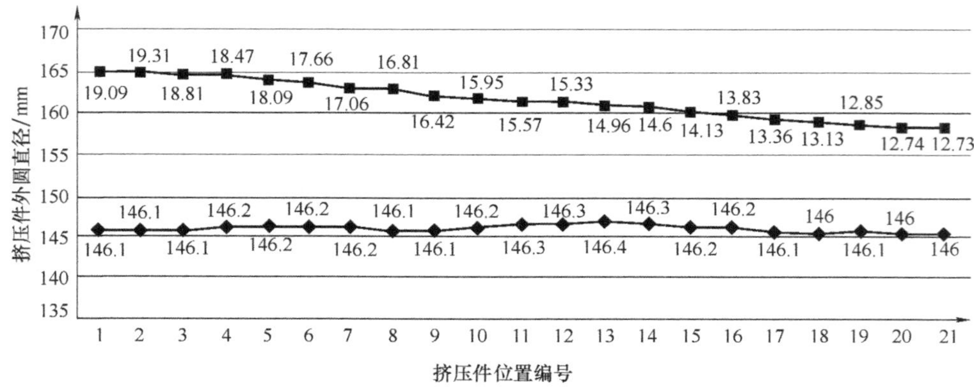

图 5-6　第 10 次钻杆试挤压尺寸、外观结果

1）存在的问题。

虽然缩颈问题已经解决，但管材过渡带处的直径却存在局部增大。

2）问题分析。

由于挤压针的最大直径增大，在挤压薄壁时挤压针的最大直径距离模具工作带较近，会影响管材外径定径。

3）解决方案。

降低挤压针最大直径尺寸，增加 2 区斜面的水平长度。

（4）第 11 次试挤压　如图 5-7 所示，根据第 11 次生产产品的检验结果可以看出，变径结束处的外径基本不再变化。

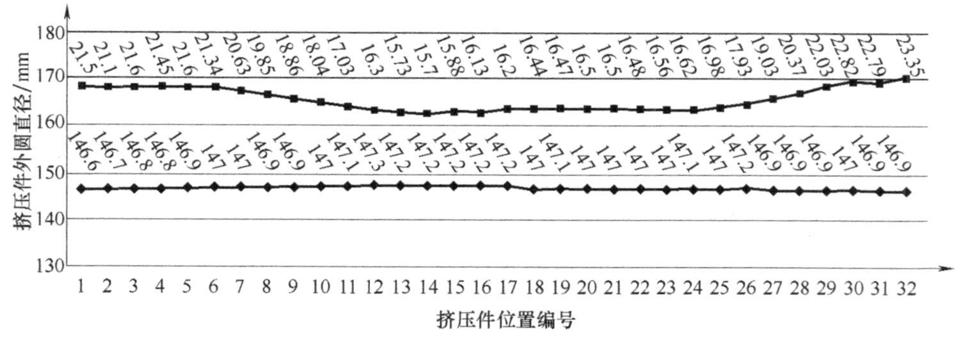

图 5-7　第 11 次钻杆试挤压尺寸、外观结果

（5）第 12～16 次试挤压　从第 12 次试挤压开始，管材的关键问题已经解决，开始对管材各部分尺寸进行细化并优化挤压工艺，第 16 次试挤压后已达到

批量生产的要求。

3. 内加厚带增厚保护器钻杆工模具设计

带增厚保护器的钻杆和普通钻杆两端内加厚部分相同，所以模具部分不进行改动；在设计带增厚保护器钻杆挤压针之前，首先要了解增厚保护器的生成原理，挤压针每一个组成部分的形状都是基于生成原理加工的。

根据图 5-8 中所示，当挤压针的前段直线区与模具工作带配合时，生成内加厚部分；当挤压针相对于模具向前移动，使模具工作带相对于挤压针的前段直线区移动至中间直线区，在此过程中，挤压针与模具工作带配合，生成内加厚过渡部分；当挤压针的中间直线区与模具工作带配合时，生成薄壁部分；当挤压针继续向前移动，使挤压针的中间直线区置于模具工作带后方某一个固定位置，在此过程中生成增厚保护器前过渡部分；当挤压针停止移动后，挤压针的中间平面区生成增厚保护器加厚部分。

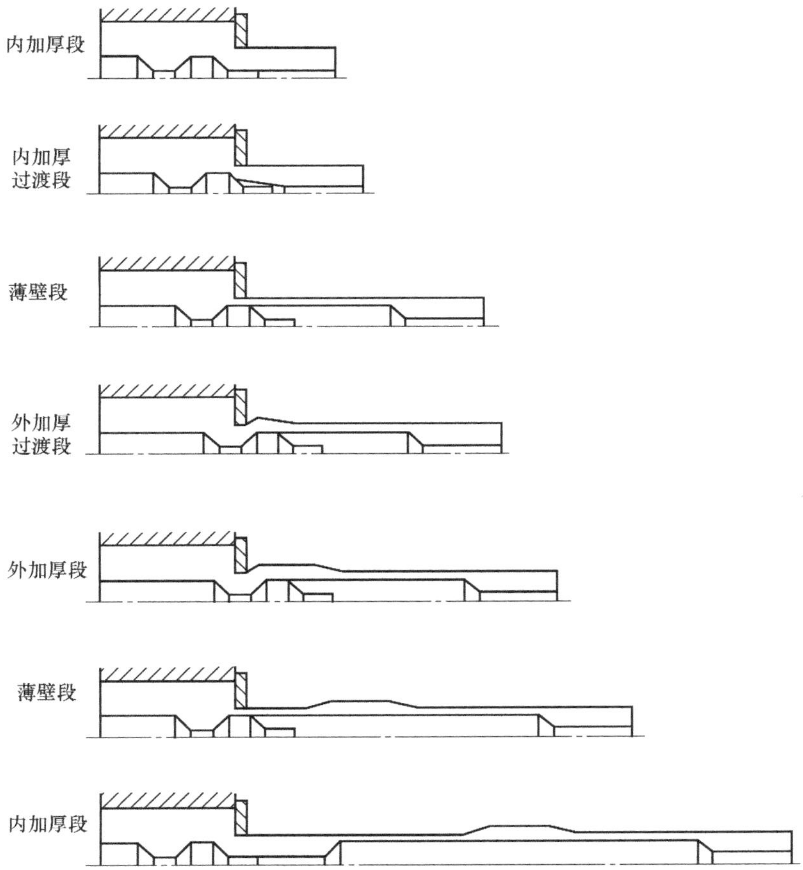

图 5-8　挤压针直线区与模具工作带配合

钻杆后半部分各个阶段的生成原理与前半部分基本相同，只是挤压针是由上一次的固定位置相对于模具向后移动，当整个挤压过程结束后，挤压针与模具的相对位置与开始挤压前相同。

（1）第 17 次试挤压

1）存在的问题。

此次试挤压并没有成功，在挤压过程中针杆断裂。

2）问题分析。

在挤压前内加厚部分时，挤压机运行正常，当开始挤压增厚保护器过渡部分时，挤压机压力突然升至上限，挤压轴速度突然降低，最后小于 0.1mm/s，持续数秒后针杆断裂。

初步分析，针杆断裂的原因有两种，一是针杆本身存在质量问题；二是由于挤压力的瞬间增大，超过了针杆所能承受的最大载荷。

根据图 5-8 分析，在挤压前内加厚和薄壁时，挤压针并不起直接作用，当挤压前增厚保护器过渡部分时，挤压针的中后区开始参与杆体的成形，但由于现有挤压针中间直线区尺寸较小，金属在流过此区域时，会在极小的范围内多次改变方向，这对于超硬铝合金来说是十分困难的，所以在此区域挤压时挤压力会瞬间升高。

3）解决方案。

除去针杆本身的质量问题，针对挤压增厚保护器过渡部分，挤压机压力突然升高的问题做出整改。首先，加长挤压针中间平面区的长度，给金属足够的换向空间；其次，减小挤压针中间斜面的坡角，以此减小金属换向的角度。

（2）第 18 次试挤压

1）存在的问题。

增厚保护器过渡处内腔起皮。

压余过厚，剪切困难。

前两根管材挤压力大，挤压针速度上升慢。

增厚保护器处的管材直径及壁厚小。

2）问题分析。

内腔起皮初步分析与挤压针穿孔有关，与内加厚钻杆杆体过渡部分表面出现起皮的原因相同。

压余过厚是由于挤压针加长，挤压结束时挤压针留在模具外侧的部分较长所造成的。

前两根管材挤压力大可能是针杆温度较低所引起的，因为在挤压过程中，

模具温度一直在降低，铸锭加热温度不变，只有针杆的温度在升高。

引起直径、壁厚较小的原因可能与模具有关，现有的模具只有一个工作带，在挤压增厚保护器部分时，只有挤压针提供支撑力和部分阻力，金属上方没有阻力，从而使金属在没有达到理论直径、壁厚时就已经流出模具。

3）解决方案。

在挤压结束时挤压针随动，把理论压余长度挤出一部分，这样挤压针留在模具外面的长度就会减短，剪切压余时会更容易。

挤压针两面相交处倒圆，变径前降低挤压速度。

在挤压第一根管材时不进行变径，铸锭用高温加热，并提高挤压速度。

增加模具的工作带。

（3）第 19 次试挤压

1）存在的问题。

经过对挤压工艺和挤压针的修改，前两根管材的速度上升明显加快，但测量产品各部分的尺寸后发现，其增厚保护器部分的直径、壁厚有所增加，但仍未达到标准要求，内腔起皮问题也仍然存在。

2）问题分析。

要解决内腔起皮问题，关键是降低变径时产生的摩擦热及挤压针润滑，要降低摩擦热只能从降低工作带温度上考虑。增厚保护器处的直径、壁厚尺寸小，可能是模具及挤压针结构不合理所引起的。

3）解决方案。

要降低工作带温度只能从挤压针及模具内部解决，但受限于挤压针、模具的强度要求，故决定从改善润滑的角度来解决内腔起皮问题。

挤压针及模具的结构在原有的基础上稍作改动。

（4）第 20 次试挤压　此次试挤压从产品检验结果来看，已从根本上解决了增厚保护器处的直径、壁厚小及内腔起皮问题，完全满足了标准的要求。

（5）第 21 次试挤压　此次试挤压开始对管材各部分尺寸进行细化并优化挤压工艺，第 22 次试挤压后已达到批量生产的要求。

4. 外加厚钻杆工模具设计

外加厚钻杆两端外加厚产生原理与外加厚保护器的产生原理相同，所以挤压针和模具的基本结构相同，只是挤压针与模具的配合顺序发生变化，所以模具及挤压针部分不做改动，延用普通内加厚带保护器钻杆的模具及挤压针。挤压针与模具的配合顺序如图 5-9 所示。

从第 22 次试挤压产品的尺寸检验结果来看，基本结构已经满足标准要求，但个别位置尺寸需要优化。

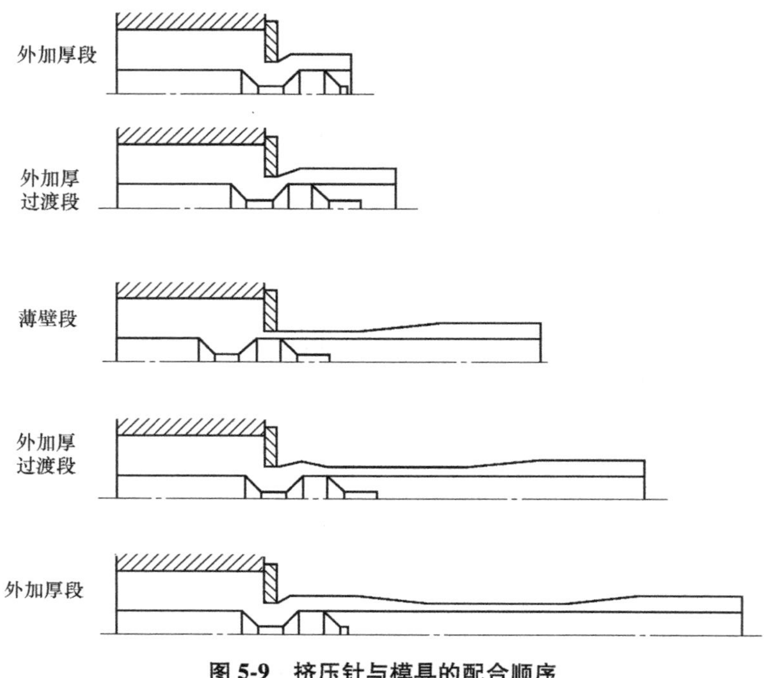

图 5-9 挤压针与模具的配合顺序

5.1.3 铝合金钻杆杆体热处理及矫直工艺

1. 铝合金钻杆杆体热处理

将挤压出来的变断面铝合金管材，切掉前后变形端，然后通过辊道送入卧式淬火机组的加热炉内加热，准备淬火。淬火过程由两部分组成，先将管材加热到规定温度，然后快速冷却，这时铝合金内形成具有强化元素（铜、镁、硅、锌）且浓度最大的固溶体。

铝合金淬火时由于其物理化学性能特殊，应严格控制加热温度，要求加热温度高度均匀。D16T（2024T4）合金钻杆的淬火加热温度为 495℃，同时要保证±2℃的温控精度，每根管材在加热炉内的时间约为 70min。加热炉同时可放置 20 根管材。经过加热的管材每隔 3.5min 送一根到空的水平槽内，水从管材的对面流经整个槽子，使管材迅速冷却。把水波浪的高度调好，使水浪的前沿垂直于管材，管子内外侧同时被水覆盖住。为了提高管材表面的耐腐蚀能力，在淬火中添加质量分数在 0.02%~0.04%重铬酸盐（重铬酸氢盐或铬酸钾、铬酸钠）。这种称为“流动水波淬火”法的热处理方法可提供建立铝合金钻杆流水作业生产线的可能性。在某些情况下，淬火也可在立式淬火炉中进行。

2. 铝合金钻杆杆体矫直

淬火后的管材可能产生很大的温度变形（翘曲），因此管材淬火后要马上进行有效的拉伸矫直。管材淬火和矫直之间的间隔时间不应超过 12h。

钻杆用 6MN 以下的轴向力进行拉伸矫直，使端头内部加厚管产生的残余变形为 1%～2%，外部加厚管材产生的残余变形为 2%～3%。

拉伸矫直的主要缺点是：管材会在拉伸机的夹具内变形，从而造成大量的金属残料。为了减少残料量，矫直前可在管材的两端放入直径比管材内径小 1～1.5mm 的芯棒。

拉伸矫直这道工序不仅能消除管材的纵向弯曲，还能明显提高管材的力学性能。拉伸矫直能完全消除管材主体部分的弯曲。铝合金钻杆加厚部分的矫直是用弯曲机的底模来进行的。进行矫直时要十分小心，因为现有技术条件对要刻制螺纹的管材加厚部分的直度有严格要求。

最终矫直结束后将管材按标准尺寸锯切成段，对于一些合金管材，还要进行人工时效，然后在水平检查台上进行技术检查，检查后送到螺纹加工工段刻制螺纹，装上钻探接头。

5.2　铝合金钻杆接头装配工艺

5.2.1　铝合金钻杆接头冷装配工艺

铝合金钻杆杆体与钢接头的连接装配工艺一般有两种，即冷装配和热装配。冷装配中铝合金钻杆与钢接头连接部位具有更高的抗扭强度及螺纹根部具有较小的接触应力，不存在热装配中过高的装配温度改变铝合金内部微结构的缺点。当铝合金钻杆杆体与钢接头冷装配时，需要加载特定的预扭矩，一般适用范围为两端内部加厚并且外径尺寸在 69～129mm 之间的铝合金钻杆。

采用冷装配的铝合金钻杆主要用于钻探浅井（2.5～3km），不适用于具有高拉伸载荷和扭矩的钻井作业。标准三角螺纹杆体与钢接头装配时要使用环氧树脂型密封固化剂进行密封。

冷装配工艺主要存在以下缺点，从而限制了其在深井钻杆装配中的应用。

1）杆体螺纹部位抗疲劳失效能力低。

2）在装配过程中，较大的扭矩可能导致夹具不稳而使杆体产生附加转动。

3）装配过程施加的扭矩可能会导致铝合金杆体和钢接头螺纹接触位置形成冷焊区，从而降低钻杆强度，导致钻探作业中钻杆失效。

5.2.2 铝合金钻杆接头热装配工艺

热装配工艺是将钢接头加热到特定温度使其膨胀，然后在热状态下将钢接头拧到铝合金杆体上，冷却后获得所需预紧力和螺纹密封性，此工艺广泛应用于钢钻杆装配，在铝合金杆体与钢接头装配过程中，主要受以下因素限制：

1）当铝合金杆体与钢接头接触时，由于铝合金具有较高的热导率和热膨胀系数，使杆体很快变热并膨胀，限制了拧紧过程中的自由轴向配合，导致密封性能下降。

2）铝合金的屈服强度随温度的升高而降低，装配过程中环向应力可能超出连接部位的屈服极限，使连接部位产生塑性变形，从而阻碍螺纹部位接触压力达到预期值。由于钢接头和铝合金杆体热膨胀系数不同，冷却过程中接头比杆体收缩程度大，这也会导致螺纹部位接触压力低于预期值。

3）过热的温度可能导致杆体螺纹部位应力—应变性能降低。

为了克服上述缺点，可在装配过程中对铝合金杆体进行强制冷却，从而使螺纹部位温度场保持稳定。

5.3 全尺寸铝合金钻杆性能试验

5.3.1 抗拉和抗扭试验

ϕ52mm 铝合金外丝钻杆成品在中地装（无锡）钻探工具有限公司进行了抗拉和抗扭破坏性试验。抗拉破坏性试验在 100t 液压伺服拉力机上进行（见图 5-10），ϕ52mm 铝合金钻杆的最大抗拉强度可达到 631kN，如图 5-11 所示。

图 5-10 铝合金钻杆小样拉伸破坏性样品

铝合金外丝钻杆抗扭破坏性试验在江苏省无锡探矿机械总厂的扭矩试验台

上进行（见图 5-12），试验设备为 ZJYW1 微机型转矩转速仪器、MD-80A 型锚杆钻机等。试验结果表明，ϕ52mm 铝合金钻杆的抗扭能力超过 4900N·m，试验数据及结果见表 5-1、表 5-2。

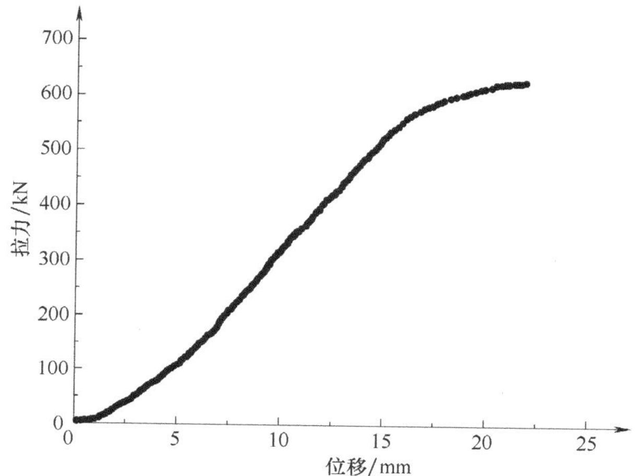

图 5-11 铝合金钻杆小样拉力—位移曲线图

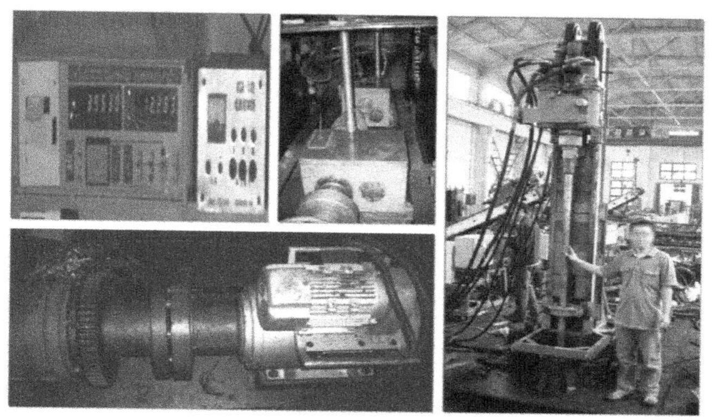

图 5-12 铝合金钻杆小样扭矩试验

表 5-1 铝合金钻杆小样扭矩试验报告单

编号	规格尺寸/mm	数量	试验前状况
10-7-1	ϕ52×7.5×1500	1 件	试件无明显加工缺陷，螺纹副人工旋紧装配
10-7-2	ϕ52×7.5×1500	1 件	试件无明显加工缺陷，螺纹副人工旋紧装配

（续）

编号	加载形式	试验负荷/N·m	破坏负荷/N·m	试验后情况
10-7-1	扭转	4655	-	钻机过载保护，系统卸荷；杆体与钢接头发生扭转错动；杆体根部第一扣螺纹齿根局部发生开裂
10-7-2	扭转	4790	-	钻机过载保护，系统卸荷；杆体与钢接头发生扭转错动；钻杆未发现破坏

表 5-2　铝合金钻杆小样试验情况及结果分析

试验情况	结果分析
当扭矩加至 4600～4800N · m 时，钻机过载保护卸荷，此时未见钻杆有明显破坏	铝合金钻杆抗扭强度不小于 4800N · m，理论计算值为 6000N · m，安全系数 1.2
螺纹副线切割剖样 4 件，发现试件 1 铝合金杆体一端根部螺纹齿根开裂	属加工质量问题：钢接头退刀槽和尺寸误差不符合要求，全部检查改正

5.3.2　密封试验

利用手动加压泵对测试铝合金钻杆接头螺纹副的密封性进行测试，测试结果见表 5-3。

表 5-3　铝合金钻杆接头螺纹副密封性测试试验结果

序号	加压压力/MPa	加压时间/min	试验情况	附图
1	12	10	无泄漏	
	12～18	加压过程	加压至 18MPa 时，手动泵漏水	
2	14	10	无泄漏	
	14～20	加压过程	加压至 20MPa 时，手动泵漏水	

参考文献

[1] 李建湘，刘静安，杨志刚. 铝合金特种管型材生产技术 [M]. 北京：冶金工业出版社，2008.

[2] 刘振铎，张洪叶，孙昭伟. 刘广志文集 [M]. 北京：地质出版社，2003：264-265.

[3] 毛建设. 铝合金钻杆杆体与钢接头过盈连接热组装工艺数值模拟及实验研究 [D]. 长春：吉林大学，2014.

[4] Gelfgat M Y，Basovich V S，Adelman A. Aluminum alloy tubules for the oil and gas industry [J]. World Oil，2006，227 (7)：45-51.

[5] SANTUS C，BERTINI L，BEGHINI M，et al. Torsional strength comparison between two assembling techniques for aluminum drill pipe to steel tool joint connection [J]. International Journal of Pressure Vessels and Piping，2009 (86)：177-186.

[6] 唐继平，狄勤丰，胡以宝，等. 铝合金钻杆的动态特性及磨损机理分析 [J]. 石油学报，2010，31 (4)：684-688.

[7] 张弛. 钻杆用耐高温短碳纤维铝基复合材料组织与力学性能研究 [D]. 长春：吉林大学，2020.

[8] HAN J H，SUH J Y，OH K H，et al. Effects of the deformation history and the initial textures on the texture evolution in an Al alloy strip during the shear deforming process [J]. Acta Materialia，2004，52 (16)：4907-4918.

[9] MAO J S，SUN Y H，LIU B C. Research on ane-shot process of hot extrusion forming technology for aluminum alloy drill pipe [J]. Applied Mechanics&Materials，2013，415：623-626.

[10] 梁健，刘秀美，王汉宝. 地质钻探铝合金钻杆应用浅析 [J]. 勘察科学技术，2010，165 (3)：62-64.

[11] 孙建华，张阳明. 难进入地区钻探工程航空运输技术经济分析 [J]. 探矿工程（岩土钻掘工程），2007，34 (9)：20-23.

[12] 刘静安，黄凯，谭炽东. 铝合金挤压工模具技术 [M]. 北京：冶金工业出版社，2013.

[13] SANTUS C. Fretting fatigue of aluminum alloy in contact with steel in oil drill pipe connections，modeling to interpret test results [J]. International Journal of Fatigue，2008，30 (4)：677-688.

第 6 章

铝合金钻杆表面强化技术

6.1 超声表面滚压加工

超声表面滚压（Ultrasonic Surface Rolling Processing，USRP）加工的技术原理与设备简图，如图 6-1 所示。该技术是将一定频率的超声振动能通过冲头（球）作用在材料表面上，使材料表面发生剧烈塑性变形以实现表面纳米化[1-4]。根据前人的研究及前期对工艺的摸索，对于硬度相对较低的铝合金，可以通过增加主轴转速、降低进给速度及提高加工遍数来调节其表面纳米化程度[5-8]，优化后的加工工艺参数见表 6-1。

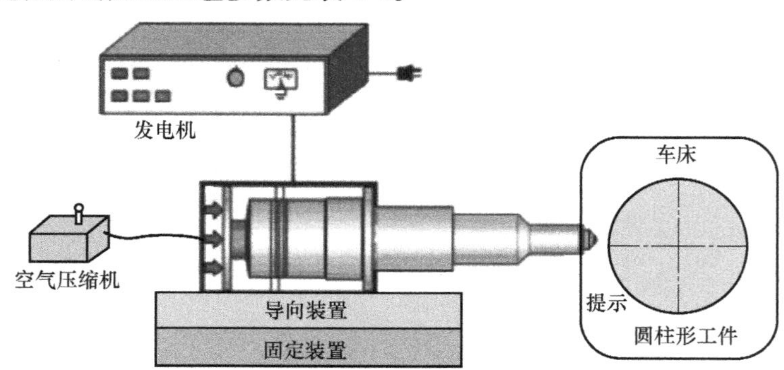

图 6-1　超声表面滚压加工的技术原理与设备简图

本节利用超声表面滚压加工技术对 2219 耐热铝合金进行表面强化处理，分析处理后的表面形貌与截面形貌、铝合金晶粒大小及硬度。

1. 超声表面滚压加工工艺参数

表 6-1　超声表面滚压加工工艺参数

振动频率/kHz	振幅/μm	载荷/N	主轴转速/$r \cdot min^{-1}$	进给速度/mm · rev	冲头直径/mm	每平方毫米冲击次数
20	30	300	200	0.02	10	20000

2. 表面形貌与截面形貌

图 6-2 所示为经超声表面滚压加工强化处理前后 2219 铝合金横截面金相照片，从图中可以看出加工处理前后样品的金相组织均呈现 α 固溶体+化合物，以及大晶粒内存在大量细小亚晶粒。经 USRP 处理后，在距样品表面形成了厚约 600μm 的塑性变形层，由原来的随机取向的晶粒分布变为呈一定方向的条带状分布，部分大晶粒也被打碎融为更大的晶粒。

a) 未处理样品

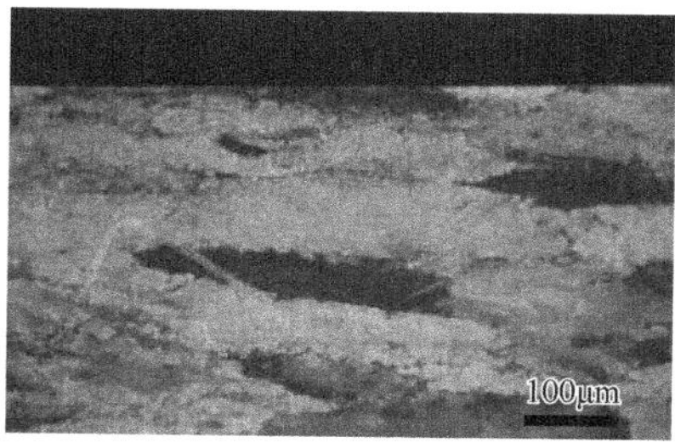

b) USRP样品

图 6-2　2219 铝合金的横截面光学显微照片

超声表面滚压加工前后的 2219 铝合金的表面 SEM 照片及表面三维形貌如图 6-3 和图 6-4 所示，未处理样品表面比较光滑平整，USRP 样品由于表面呈现比较多的凹坑及有被加工过的痕迹而比较粗糙。通过三维形貌仪及附带软件分析，未处理样品表面粗糙度 Ra 约为 80nm，USRP 样品的表面粗糙度约为 120nm。

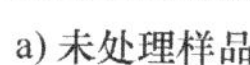
a) 未处理样品

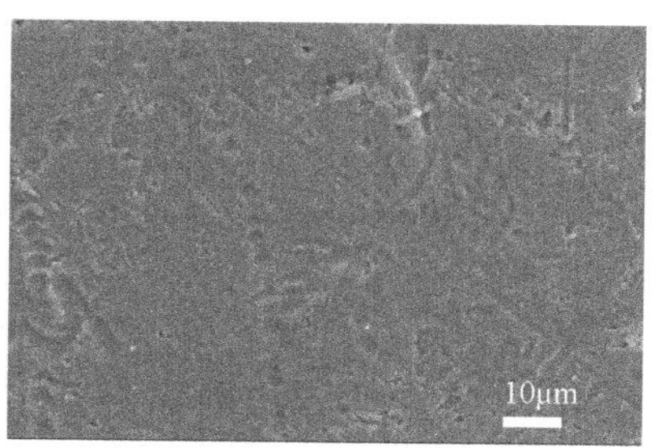

b) USRP样品

图 6-3　2219 铝合金的表面 SEM 形貌图

3. X 射线衍射（XRD）分析

图 6-5 所示为经超声表面滚压加工强化处理前后 2219 铝合金的 XRD 衍射图

谱，从图中可看出经过强化处理后的衍射峰相对强度明显降低且衍射峰趋于宽化，利用德拜—谢乐公式可以算出经过超声表面滚压加工处理后2219铝合金表面的平均晶粒大小约为25nm。这是由于晶粒细化及位错效应造成的。

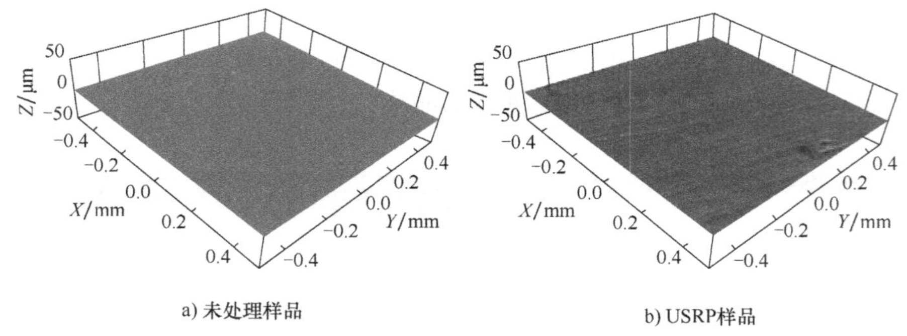

a) 未处理样品　　b) USRP样品

图6-4　2219铝合金的表面三维形貌图

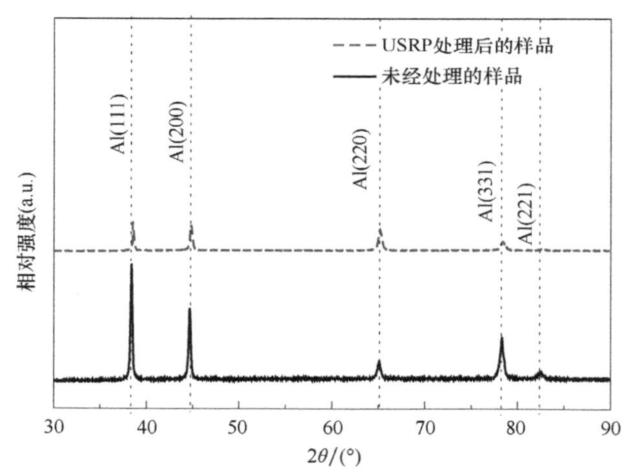

图6-5　USRP处理前后2219铝合金的XRD衍射图谱

4. 硬度

超声表面滚压加工处理前后2219铝合金的横截面硬度分布如图6-6所示。未处理样品的表面硬度为120HV；USRP样品的表面硬度为190HV，USRP样品的硬度由表层到心部逐渐降低，在距表层约600μm处硬度值高于未处理样品硬度的10%，且USRP处理前后2219铝合金心部硬度基本不变，说明经超声表面滚压加工处理后2219铝合金表面形成了厚度约为600μm，硬度呈梯度变化的塑性变形层。

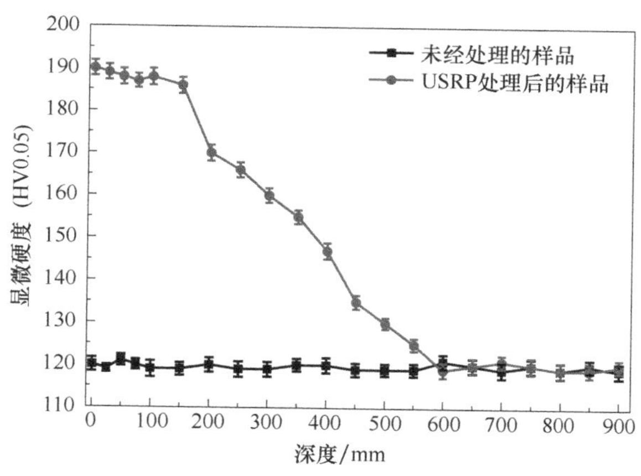

图 6-6 2219 铝合金沿深度的硬度变化

6.2 微弧氧化处理

微弧氧化技术（MAO）是通过调节配比电解液及相应电压、电流、占空比等工艺参数，利用弧光放电产生的瞬时高温高压作用在铝及其合金部件表面，从而制备出与基体结合良好、致密度高、耐磨性优良的陶瓷膜层[9]。微弧氧化技术起源于阳极氧化工艺，但相较于阳极氧化，微弧氧化的工艺流程更加简易，生产效率高，且正离子在氧化过程中只起到导电性作用，排出率低，更加环保[10-11]。铝的阳极氧化膜主要组成包括无定形 Al_2O_3、γ-Al_2O_3 和 AlOOH 三种，微弧氧化膜包括 γ-Al_2O_3 和 α-Al_2O_3，具有高硬度及良好的耐腐蚀性[10]。

微弧氧化膜薄膜生长过程一般分为 3 步，主要包括：

（1）形成无定形氧化膜　微弧氧化过程中无定形氧化膜的形成过程与阳极氧化膜的生成过程类似。即氧化膜在电解液中不断生长与溶解，当其生长速率大于被溶解的速率时，阳极氧化膜得以生长增厚。

（2）生成的氧化膜击穿放电　在电解液中，氧化膜厚度越大其内部的应力也越大，这样持续进行容易引发裂纹，电流从产生的裂纹处流过，从而造成电击穿。

（3）无定形氧化膜的晶化　微弧氧化时等离子体放电产生的闪温可达三千多摄氏度，使放电区的氧化膜发生瞬间熔化和凝固，形成的新的 γ-Al_2O_3 和 α-Al_2O_3晶粒，从而形成陶瓷颗粒。

微弧氧化处理设备示意图如图 6-7 所示。

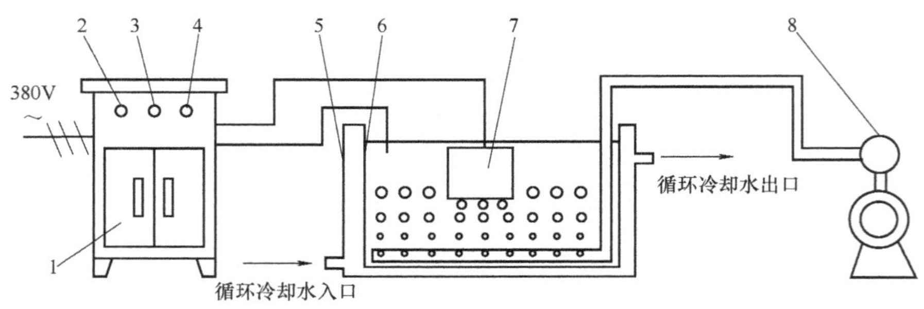

图 6-7　微弧氧化处理设备

1—电源控制柜　2—电压表　3—电流表　4—温度表

5—绝缘槽　6—微弧氧化槽　7—试样　8—磁力泵

利用微弧氧化技术对2024铝合金进行表面强化处理，分析处理后的表面形貌与截面形貌、耐蚀性及硬度。

1. 微弧氧化处理工艺参数（见表6-2）

表 6-2　微弧氧化处理工艺参数 1

电解质溶液	时间/min	电压/V	占空比	频率/Hz
10g/L $(NaPo_3)_6$	30	470	0.08	400
8g/L Na_2SiO_3				
2g/L NaOH				

2. 表面形貌与截面形貌

图6-8所示为光学显微镜下2024铝合金MAO处理前后的表面金相形貌。从图6-8中可以看出，铝合金基体表面布满了长条状组织，点蚀现象严重；MAO涂层试样表面组织致密，点蚀现象轻微。

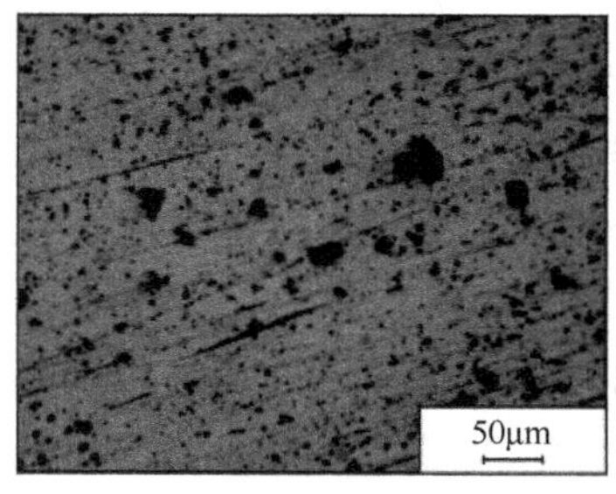

a) 未处理样品

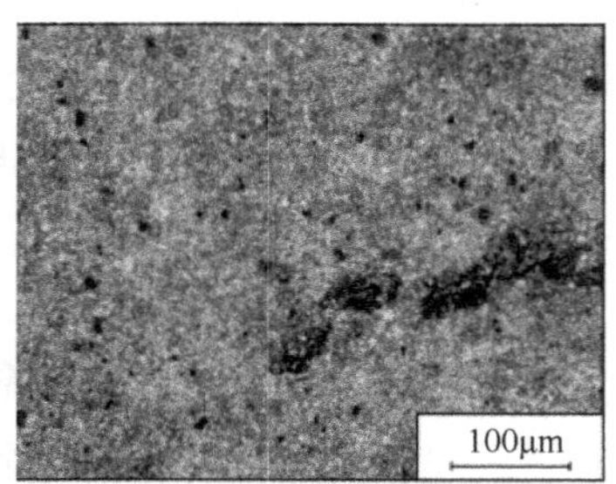

b) MAO涂层样品

图 6-8　2024 铝合金 MAO 处理前后的表面金相形貌

图 6-9 所示为 2024 铝合金 MAO 涂层表面和截面的 SEM 形貌。从图 6-9 可知，MAO 涂层表面呈现蜂窝状的多孔形貌，这是由于微弧氧化放电释放出巨大的能量，同时伴有较剧烈的析氧反应，使合金内部的 Al 原子在瞬间高温高压条件下发生微区熔融，并通过放电通道进行放电，形成多孔形貌，即在致密 MAO 涂层的表面附着一层发白的物质，该物质为表面较疏松的多孔膜（见图 6-9b）；其下的实际 MAO 涂层厚约 6μm，较致密、少见微孔，涂层与基体之间无明确的界限，即在铝合金基体表面原位生长出了陶瓷氧化膜。

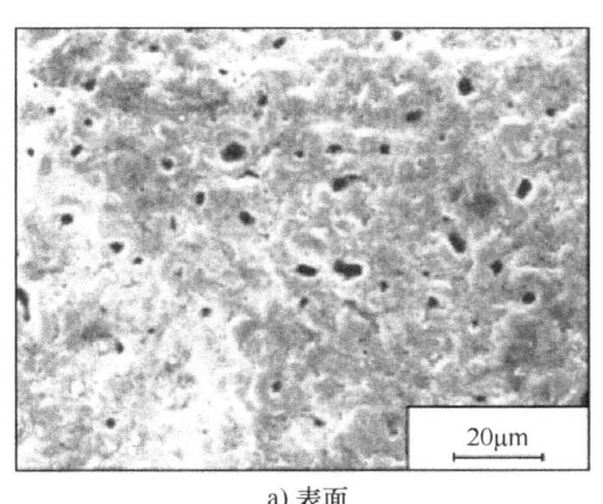

a) 表面

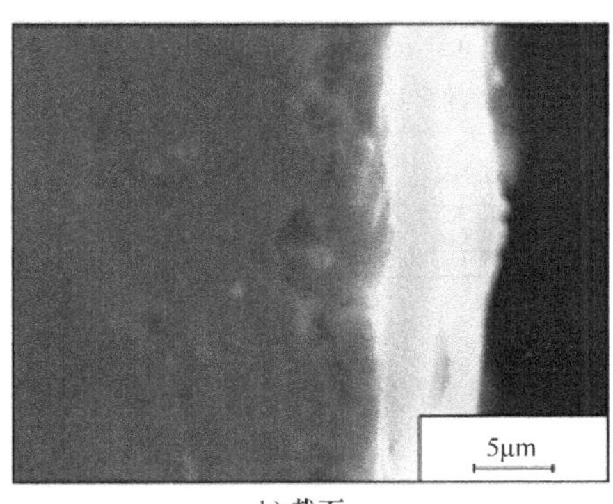

b) 截面

图 6-9　2024 铝合金 MAO 涂层表面及截面的 SEM 形貌

3. XRD 谱

图 6-10 所示为 MAO 涂层的 XRD 谱。由图 6-10 可知，涂层主要由 Al、Al_2O_3、$Al_6Si_2O_3$ 和 $Al(PO_3)_3$ 组成，且 Al_2O_3 是微弧氧化涂层最主要的相组成，几乎每个衍射峰均有 Al_2O_3 存在，Al_2O_3 具有高强度、高硬度、耐磨抗腐蚀等优良性能，有助于提高涂层的耐蚀性。

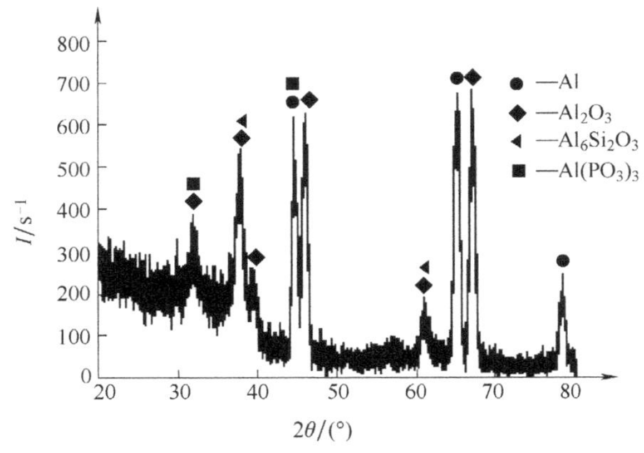

图 6-10　MAO 涂层的 XRD 谱

4. 硬度

表 6-3 为不同试样微弧氧化处理前后与合金钢硬度值对比情况。由表 6-3 可知，2024 铝合金基体平均硬度 61.50HV，MAO 涂层铝合金试样平均硬度 121.07HV，其平均硬度约为基体的 2 倍，合金钢硬度的 2/3。由此表明，经微弧氧化制备的涂层显著地提高了 2024 铝合金的表面硬度。

表 6-3 不同试样微弧氧化处理前后与合金钢硬度值对比情况

（单位：HV）

试样	测点 1	测点 2	测点 3	测点 4	测点 5	平均值
铝合金基体	61.17	62.00	63.05	60.91	60.37	61.50
MAO 涂层	121.20	121.56	120.33	122.38	119.86	121.07
30CrMnSiA	181.80	183.38	182.78	181.63	182.78	182.47

6.3 超声表面滚压与微弧氧化复合强化

1. 超声表面滚压与微弧氧化处理工艺参数

超声表面滚压加工工艺参数见表 6-1，微弧氧化处理工艺参数见表 6-4，试验流程如图 6-11 所示。

表 6-4 微弧氧化处理工艺参数 2

电解质溶液	温度/℃	时间/min	阴极材料	电流密度/(A/dm^2)	频率/Hz
5g/L $NaSi_3$	26	160	不锈钢	5	500
0.5g/L KOH					

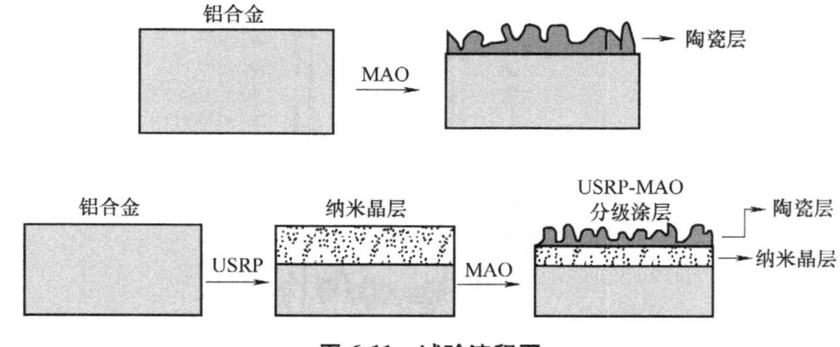

图 6-11 试验流程图

2. 表面形貌及截面形貌

微弧氧化、超声表面滚压加工、微弧氧化处理的 7E04 铝合金的表面 SEM 形貌图及表面三维形貌图如图 6-12 和图 6-13 所示，MAO、MAO+USRP 样品表面均呈现大量尺寸约 0.5~10μm 的孔洞，为典型的微弧氧化膜表面形貌。这些孔洞是微弧氧化过程中火花放电的通道。微弧氧化膜层属于典型的硬质多孔陶瓷结构[12]。通过三维形貌仪及附带的软件分析，MAO 样品表面粗糙度 Sa 约为 850nm，MAO+USRP 样品的表面粗糙度约为 1400nm。

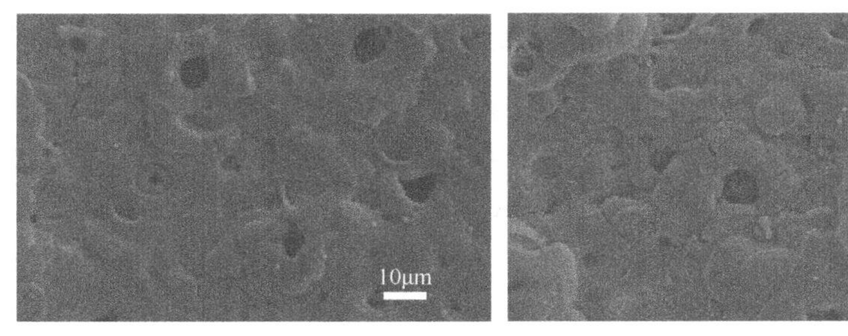

a) MAO样品　　b) MAO+USRP样品

图 6-12　7E04 铝合金的表面 SEM 形貌图

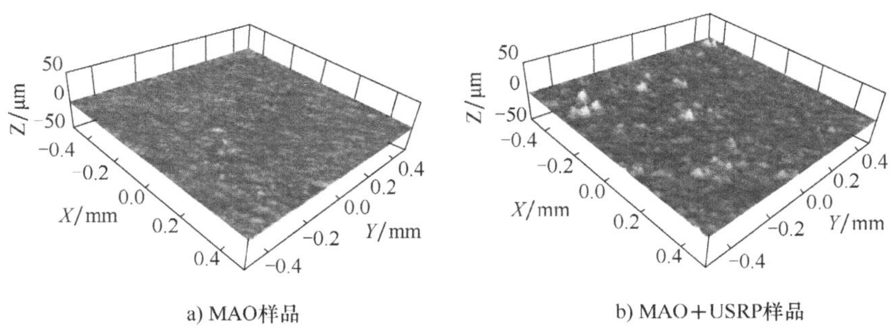

a) MAO样品　　b) MAO+USRP样品

图 6-13　7E04 铝合金的表面三维形貌图

图 6-14 所示为经微弧氧化、超声表面滚压加工、微弧氧化处理的 7E04 铝合金的横截面光学显微照片，从图中可以看出处理后的样品的金相组织均呈现 α 固溶体+化合物，以及大晶粒内存在大量细小亚晶粒。且经 USRP 处理后，在距样品表面形成了厚约 600μm 的塑性变形层，由原来的随机取向的晶粒分布变为成一定方向的条带状分布。部分大晶粒也被打碎融为更大的晶粒。并且在样品表面均可以看到一层约 20μm 的黑色层，即经微弧氧化处理后生成的氧化物层。

a) MAO样品

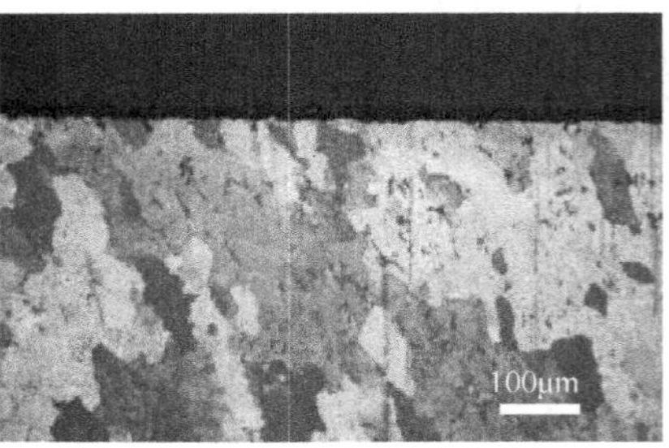

b) MAO＋USRP样品

图 6-14　7E04 铝合金的横截面光学显微照片

经微弧氧化、超声表面滚压、微弧氧化处理的 7E04 铝合金的截面 SEM 照片及线扫描结果如图 6-15 所示。从图中可以看出：经微弧氧化、超声表面滚压、微弧氧化处理后，在 MAO 样品与 MAO+USRP 样品表面均生成了厚度约 25μm 的氧化物层。

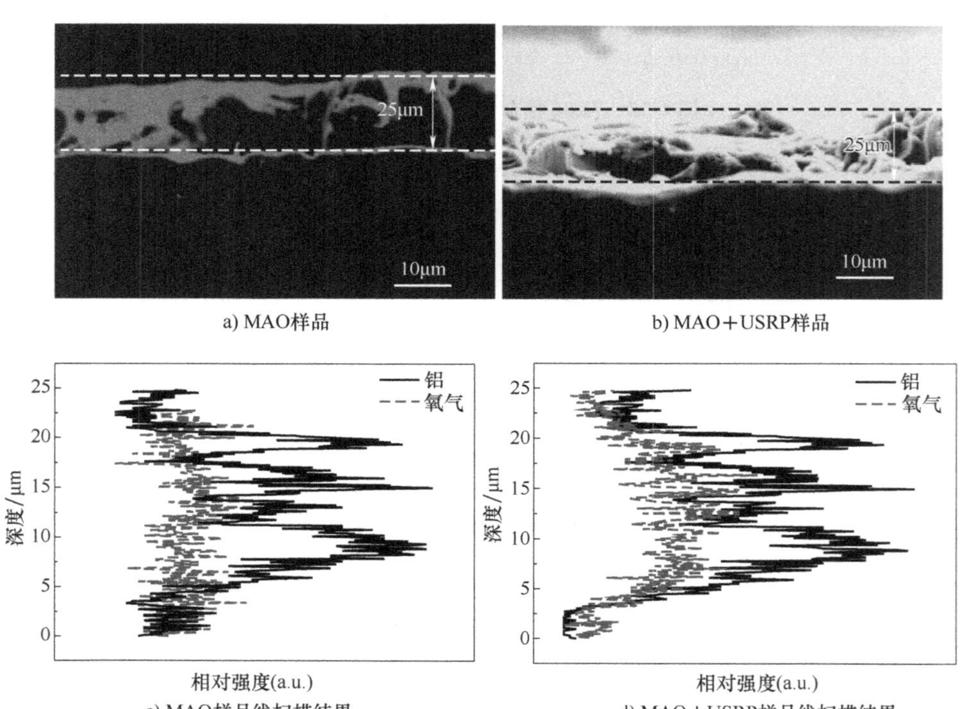

a) MAO样品　　b) MAO＋USRP样品

c) MAO样品线扫描结果　　d) MAO＋USRP样品线扫描结果

图 6-15　7E04 铝合金截面 SEM 照片及线扫描结果

3. XRD

图 6-16 所示为经微弧氧化、超声表面滚压加工、微弧氧化强化处理的 7E04

铝合金的 XRD 衍射图谱，从图中可以看出 MAO、MAO+USRP 样品经 XRD 检测检测到了 γ-Al_2O_3、Al、α-Al_2O_3 三种物相，其中氧化物主要以 γ-Al_2O_3 为主。由于 X 射线穿透深度较大，微弧氧化膜层厚度有限，导致检测到了基体中的 Al 相，MAO+USRP 样品 Al 峰的强度明显低于 MAO 样品的，这可能与微弧氧化膜层的厚度及致密度有关，即 MAO+USRP 样品的微弧氧化膜层的厚度及致密度可能要大于 MAO 样品的。Al_2O_3 相的存在，主要是因为在微弧氧化的过程中，高温高压的环境及基体中的 Al 反应生成及电解液中偏铝酸根离子生成所致。另外 γ-Al_2O_3 相比 α-Al_2O_3 相有更高的硬度，富 γ-Al_2O_3 相的微弧氧化膜在一定程度上提高了 7E04 铝合金的耐磨性。

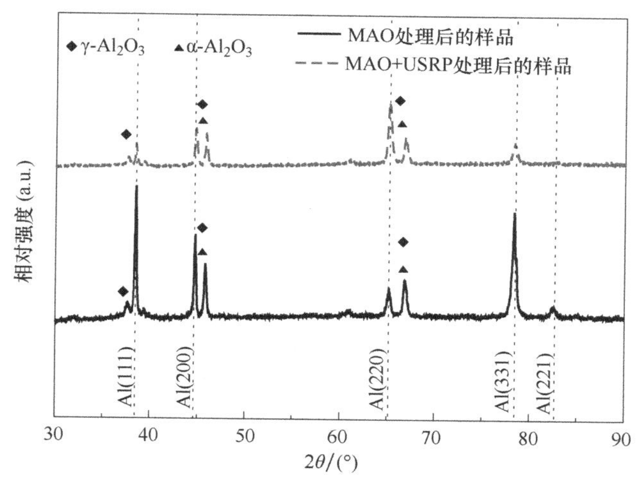

图 6-16　7E04 铝合金的 XRD 衍射图谱

4. 硬度

微弧氧化、超声表面滚压+微弧氧化处理的 7E04 铝合金的横截面硬度分布如图 6-17 所示。MAO、MAO+USRP 样品的表面硬度均为 425HV；MAO+USRP 样品的硬度由表层到芯部逐渐降低，在距表层约 600μm 处硬度值高于未处理样品硬度的 10%，且 USRP 预处理后 7E04 铝合金芯部硬度基本不变，说明经超声表面滚压加工处理后 7E04 铝合金表面形成了厚度约为 600μm，硬度呈梯度变化的塑性变形层。而 MAO 样品的硬度由表层到距表层 50μm 处急剧降低，之后硬度基本与未处理样品的硬度相同。

5. 钻探试验及结果分析

（1）试验对象　未处理的 7E04 铝合金钻杆 3 根，微弧氧化处理的 7E04 铝合金钻杆两根，表面纳米化处理 7E04 的铝合金钻杆两根，微弧氧化和表面纳米化复合处理的7E04铝合金钻杆两根，阳极氧化7E04铝合金钻杆两根，硬质阳极氧化7E04铝合金钻杆1根，共计12根铝合金钻杆。

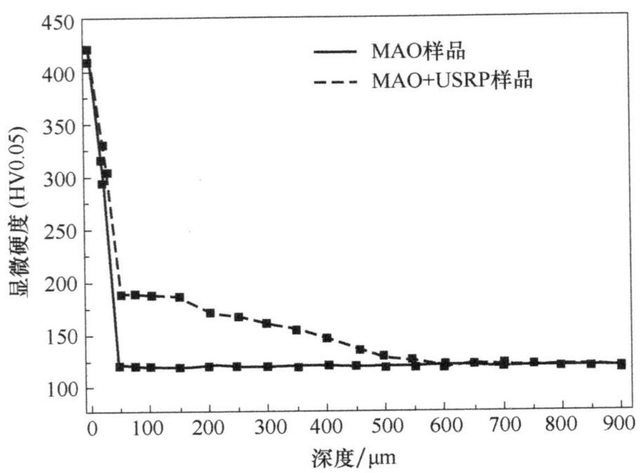

图6-17　7E04铝合金沿深度的硬度变化

（2）试验地点　试验地点为辽宁省朝阳市北票市上原镇土堡营村史家梁屯，在中国地质科学院勘探技术研究所“羊D1井”中进行铝合金钻杆试验。

（3）试验方法及步骤　试验方法为在12根铝合金钻杆和钢钻杆共同在“羊D1井”进行钻进。

试验步骤为首先对铝合金钻杆进行标号，阳极氧化两根分别标号A-1和A-2，硬质阳极氧化标号A-3，复合处理两根标号A-6和A-7，微弧氧化处理两根标号A-8和A-9，表面纳米化处理两根标号A-4和A-5，未处理钻杆3根标号O-1、O-2和O-3。

然后测量铝合金钻杆下井试验前的直径，共选择5个点，其中两个点在两个钢接头上，分别取在钢接头的中间位置，另外3个点取在铝合金钻杆上，距钻杆一端10cm处开始取，间隔约85cm。

记录下井时间与出井时间，铝合金钻杆在钻进时所在位置、进尺量，以及钻探过程中钻机的各项参数等，试验前后从公接头到母接头5点直径见表6-5、表6-6。

表6-5　试验前从公接头到母接头5点直径　（单位：mm）

标号	1点	2点	3点	4点	5点
O-1	117.04	114.52	114.95	114.91	116.85
O-2	116.86	114.79	114.87	114.95	116.89

（续）

标号	1 点	2 点	3 点	4 点	5 点
O-3	116.96	114.8	114.77	114.84	116.95
A-1	116.86	114.96	114.94	114.13	117.13
A-2	116.86	114.96	114.14	114.09	117.12
A-3	116.98	114.18	114.92	114.51	117.12
A-4	116.9	114.03	114.01	114.02	116.96
A-5	116.93	114.9	114.86	114.87	117.05
A-6	116.96	114	114.06	114.13	117.07
A-7	116.94	114.86	114.89	114.11	117.11
A-8	116.91	114.24	114.86	114.87	117.05
A-9	114.97	114.87	114.89	114.91	117.07

表 6-6　试验后从公接头到母接头 5 点直径　（单位：mm）

标号	1 点	2 点	3 点	4 点	5 点
O-1	117.04	114.52	114.95	114.91	116.85
O-2	116.86	114.79	114.87	114.95	116.89
O-3	116.96	114.8	114.77	114.84	116.95
A-1	116.86	114.96	114.94	114.13	117.13
A-2	116.86	114.96	114.14	114.09	117.12
A-3	116.98	114.18	114.92	114.51	117.12
A-4	116.9	114.03	114.01	114.02	116.96
A-5	116.93	114.9	114.86	114.87	117.05
A-6	116.96	114	114.06	114.13	117.07
A-7	116.94	114.86	114.89	114.11	117.11
A-8	116.91	114.24	114.86	114.87	117.05
A-9	114.97	114.87	114.89	114.91	117.07

（4）试验数据　钻杆直径。

铝合金钻杆下钻时的顺序。

从上到下依次为：A-1、A-2、A-3、O-1、O-3、O-2、A-6、A-9、A-8、A-5、A-7、A-4。

（5）第一次试验（见图 6-18） 2016 年 3 月 9 日 5:40 下钻，当时井深 238.35m，套管长 26.8m。铝钻杆上有一单根钢钻杆，长 4.5m，铝合金钻杆所在位置距地表 4.5~40.5m。提钻时间为 3 月 10 日 8:00，共钻进 10m。钻机参数：转速 300r/min、钻压 4600kg、泵量 114L/min、扭矩 1800N · m、泵压 1.2MPa。

a) 阳极氧化

b) 硬质阳极氧化

c) 未处理

d) 微弧氧化

e) 复合处理

f) 表面纳米化处理

图 6-18 铝合金钻杆第一次试验的表面磨损照片

铝合金钻杆存在偏磨现象，阳极氧化层有明显剥落现象，其中 A-7 阳极氧化铝合金钻杆有一个长约 2cm，深约 2mm 的横向划痕，应该是下钻过程中划伤导致的。未处理的铝合金钻杆磨损较为明显，可以看到横向的划痕。微弧氧化处理的铝合金钻杆有少量横向划痕出现，局部有氧化层脱落现象。复合处理磨损稍轻，有少量氧化层剥落，整体较为完整。表面纳米化处理的铝合金钻杆，表面没有明显变化，局部有少量划痕出现。

（6）第二次试验（见图6-19）　3月10日15:20下钻，当时井深248.35m。铝合金钻杆所在位置距地表18~54m。提钻时间为3月11日8:00，共钻进15m。钻机参数：转速360r/min、钻压3400kg、泵量115L/min、扭矩2600N·m、泵压1.3MPa。

a) 阳极氧化　b) 硬质阳极氧化　c) 未处理

d) 微弧氧化　e) 复合处理　f) 表面纳米化处理

图6-19　铝合金钻杆第二次试验的表面磨损照片

铝合金钻杆的偏磨现象依然存在，阳极氧化层剥落要比第一次严重，A-7阳极氧化铝合金钻杆的横向划痕有变大的趋势。未处理的铝合金钻杆局部有明显磨痕，比第一次磨损严重。微弧氧化铝合金钻杆部分区域有明显横向磨痕，存在偏磨现象，钻杆一侧有大片层剥落。复合处理磨损情况比单一处理轻，但也存在一定的磨痕、局部块状脱落和偏磨情况。表面纳米化处理的铝合金钻杆，表面有少量横向磨痕，但总体来说表面没有明显磨损。试验后钻杆由于磨损尺寸有所减小，尽管存在测量误差，但总体趋势还是可以确定的（见表6-5和表6-6）。

所有处理方式的铝合金钻杆都出现程度不一的磨损，且均发生了偏磨现象。磨损量最为明显的为未处理钻杆，阳极氧化处理的钻杆磨损情况比微弧氧化处理的钻杆稍严重，复合处理的钻杆比单一微弧氧化处理的钻杆磨损情况轻，表面纳米化处理由于比较光滑，磨损情况很轻微。

参考文献

[1] LIU J X, YUE W, LIANG J, et al. Effects of evaluated temperature on tribological behaviors of micro-arc oxidated 2219 aluminum alloy and their field application [J]. The International Journal of Advanced Manufacturing Technology, 2018, 96 (5-8): 1725-1740.

[2] 梁健，岳文，孙建华，等. 超声表面滚压处理铝合金钻杆的高温摩擦学性能 [J]. 中国表面工程，2016，29 (05)：129-137.

[3] Yi P, YUE W, LIANG J, et al. Effects of nanocrystallized layer on the tribological properties of micro-arc oxidation coatings on 2618 aluminum alloy under high temperatures [J]. The International Journal of Advanced Manufacturing Technology, 2017, 96 (5-8): 1635-1646.

[4] AHN D, HE Y, WAN Z, et al. Effect of ultrasonic nanocrystalline surface modification on the microstructural evolution and mechanical properties of Al5052 alloy [J]. Surface and Interface Analysis, 2012, 44 (11-12): 1415-1417.

[5] 徐滨士，刘世参，梁秀兵. 纳米表面工程的进展与展望 [J]. 机械工程学报，2003，39 (10)：21-26.

[6] 宋宁霞. 超声金属表面纳米化及摩擦磨损性能研究 [D]. 天津：天津大学，2007.

[7] 王小红，郭俊，闫静，等. 铝合金钻杆材料生产工艺及磨损研究进展 [J]. 材料热处理学报，2013，34 (s1)：1-6.

[8] 刘俊秀. 铝合金钻杆材料腐蚀机理及表面防护研究 [D]. 北京：中国地质大学（北京），2017.

[9] 梁健，顾艳红，杨远航，等. 微弧氧化处理对铝合金钻杆与钢接头电偶腐蚀行为的影响 [J]. 材料保护，2018，51 (06)：110-114+130.

[10] CHEN S Y, LI H X, YANG M J, et al. Structure and performance of anode oxide films on the surface of aluminum alloy reinforced by nano-SiC [J]. Journal of Northeastern University, 2011, 32 (7): 952-955.

[11] LOU B Y, ZHU G, LI P H, et al. Study on corrosion wear behavior of 70 aluminum alloy anodic oxide coating [C]. Advanced Materials Research, 2013, 652-654: 1735-1738.

[12] 梁健，李嘉栋，林冰，等. 超声波冷锻与微弧氧化处理铝合金钻杆的耐腐蚀性能 [J]. 表面技术，2022，51 (06)：255-266.

第 7 章

铝合金钻杆钻探工程应用

7.1 铝合金钻杆使用规程

在钻井施工过程中，诸多因素可导致钻杆产生非正常破坏，甚至发生井内事故。为了加强铝合金钻杆的现场规范化管理，杜绝不合理使用而导致的提前失效或破坏的情况发生，以 ϕ147mm 科学钻探铝合金钻杆和 ϕ103mm 石油钻井铝合金钻杆为例，对其现场使用做如下相关技术管理规定[1-3]。

1. ϕ147mm 科学钻探铝合金钻杆技术参数

1）松科二井采用的 ϕ147mm 规格特制铝合金钻杆管体参数，见表 7-1。

表 7-1 ϕ147mm 规格特制铝合金钻杆管体参数

材料	外径/mm	内径/mm	质量/kg·m^{-1}	整体抗拉强度/kN	整体抗扭强度/kN·m
2024 铝合金	147.00	114.65	27.85	2620	≥70
说明	强度数值为理论计算值；理论计算与第一轮样品测试数据吻合				

2）松科二井采用的 5½in 规格专用钻杆公母接头参数（ϕ147mm 规格特制铝合金钻杆等同采用），见表 7-2。

表 7-2 5½in 规格专用钻杆公母接头参数

外径/mm	内径/mm	屈服强度/MPa	整体抗拉强度/kN	整体抗扭强度/kN·m		
				主台肩	副台肩	总抗扭
193.68	112.71	820	6140	91.75	60.53	152.28

3）松科二井采用的 5½in 规格专用钻杆公母接头螺纹基本参数（ϕ147mm 规格特制铝合金钻杆等同采用），见表 7-3。

表 7-3　$5\frac{1}{2}$in 规格专用钻杆公母接头螺纹基本参数　（单位：mm）

螺纹长度	中径	螺距	理论齿高	实际齿高	截底高	截顶高	齿顶宽
139.70	152.40	7.257	6.284	3.56	1.068	1.656	1.912
说明	钻杆公母接头螺纹锥度为 1：16 螺纹基本参数数据仅供参考						

4）松科二井采用的 ϕ147mm 规格特制铝合金钻杆管体与钢接头连接处螺纹副参数，见表 7-4。

表 7-4　ϕ147mm 规格特制铝合金钻杆管体与钢接头连接处螺纹副参数

管体加厚段外径/mm	管体加厚段内径/mm	整体抗拉强度/kN	整体抗扭强度/kN · m
168.00	114.65	3500	70
说明	抗扭强度数值为理论计算值		

5）松科二井采用的 ϕ147mm 规格特制铝合金钻杆结构示意图，如图 7-1 所示，钻杆定尺长度为 9.4m，单根平均质量为 262kg。

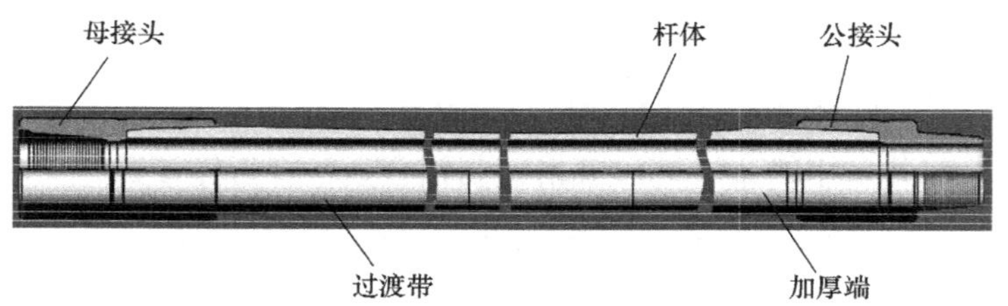

图 7-1　ϕ147mm 规格特制铝合金钻杆结构示意图

2. ϕ103mm 石油钻井铝合金钻杆技术参数

ϕ103mm 铝合金钻杆与钢制钻杆技术参数对照，见表 7-5。ϕ103mm 一、二级铝合金钻杆参数见表 7-6。

表 7-5　ϕ103mm 铝合金钻杆与钢制钻杆技术参数对照

参数	$2\frac{3}{8}$in 钢钻杆	$2\frac{7}{8}$in 钢钻杆	$3\frac{1}{2}$in 钢钻杆	ϕ103mm 钢接头铝合金钻杆	$3\frac{1}{2}$in 钢钻杆与 ϕ103mm 铝合金钻杆参数差值
公称质量/(kg · m^{-1})	10.54	16.67	22.25	10.4	11.85
本体外径/mm	60.3	73.025	88.9	103	-14.1
壁厚/mm	7.11	9.195	9.35	9	0.35

（续）

参数	2⅜in 钢钻杆	2⅞in 钢钻杆	3½in 钢钻杆	ϕ103mm 钢接头铝合金钻杆	3½in 钢钻杆与 ϕ103mm 铝合金钻杆参数差值
接头外径/mm	85.7/88.9	111.1/105	127	127	0
公、母接头内径/mm	44.5/41.3	41.3/47.6	54	68	-14
母接头长度/mm	254	254	280	310	-30
公接头长度/mm	203.2	203.2	254	208	46
丝扣连接形式	NC26	NC31	NC38	NC38	-
推荐上扣扭矩/kN·m	4.7	11.8	18	15	3.01
抗扭强度（管体)/kN·m	15.2	28.1	45.2	13.7	31.5
抗扭强度（接头)/kN·m	12.9	23.0	40.7	25	15.7
抗拉强度（管体)/kN	1108	1718	2170	691	1479
抗拉强度（接头)/kN	1848	2775	3988	2622	1366
抗内压强度/MPa	192.4	205	177	39.8	137.2
抗挤强度/MPa	193.5	204.8	175.13	36.6	138.53

表 7-6　ϕ103mm 一、二级铝合金钻杆参数

级别	接头数据				管体数据			
	最小接头外径/mm	最小台肩宽/mm	上紧扭矩/kN·m	最小壁厚/mm	最小抗扭/kN·m	最小抗拉/kN	抗内压/MPa	抗外挤/MPa
一级	123.2	8.9	12.0	7.2	11.6	563	31.8	29.2
二级	120.6	7.6	9.0	6.3	10.5	498	27.8	25.6

3. 现场使用管理

1）钻杆由施工井队负责具体管理，业主方进行监督管理并派技术人员进行现场跟踪和使用指导，井队要密切配合和服从相关技术人员的安排。

2）在装卸铝合金钻杆时，必须使用起重机，ϕ147mm 科学钻探铝合金钻杆配套使用不窄于 100mm 的尼龙吊带进行吊装，每次吊装的钻杆数量不得超过 5 根；ϕ103mm 科学钻探铝合金钻杆配套使用不窄于 50mm 的尼龙吊带进行吊装，每次吊装的钻杆数量不得超过 10 根。

3）井场铝合金钻杆应摆放在距地面 0.5m 以上的管架上，ϕ147mm 科学钻探铝合金钻杆叠放层数不超过 3 层，ϕ103mm 科学钻探铝合金钻杆叠放层数不

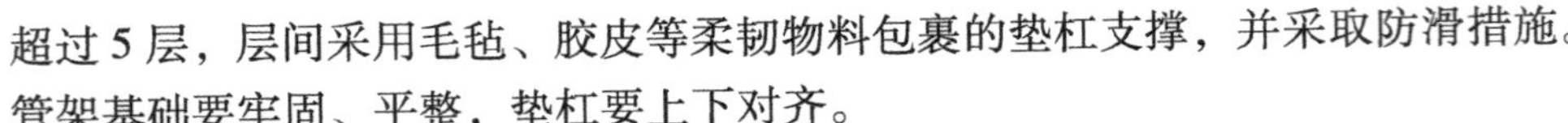

超过5层，层间采用毛毡、胶皮等柔韧物料包裹的垫杠支撑，并采取防滑措施。管架基础要牢固、平整，垫杠要上下对齐。

4）铝合金钻杆距支撑点每端伸出长度不超过1.5m，按内螺纹端朝向钻台方向整齐排列，不能直接放置于地面上，不能打捆、堆压。

5）铝合金钻杆上不得放置重物及酸、碱性化学药品。

6）铝合金钻杆在井场装卸、搬运和上下钻台的过程中，应戴好护丝，使用绷绳或起重机，严禁从坡道上下，确保不与井架及其附件等物碰撞。

7）使用过的铝合金钻杆，需要暂时存放在井场的，应及时清洗干净管体上黏附的泥浆及原油，戴好护丝，并按相应规定摆放。

8）对于入井铝合金钻杆，螺纹入井前应清洗干净，井队工程师应逐根检查接头有无超标磨损等异常，并记录钻杆编号、有效长度及接头外径等内容。

9）每趟钻测量接头及管体外径井队应配合，以便发现磨损超标钻杆。

10）钻具在上扣之前，螺纹和台肩面应均匀涂敷螺纹脂，螺纹脂要加盖存放，避免落进沙粒、泥浆等杂物，不允许向螺纹脂内添加稀释剂。

11）铝合金钻杆应使用液压大钳紧扣，液压大钳压力表数值应如实反映大钳输出扭矩，钻杆紧扣时大钳不得咬在管体上。

12）在现场作业中，井队方应严格执行工程设计的钻具组合和作业参数。当正常钻进作业时，对于ϕ147mm科学钻探铝合金钻杆，应控制钻进扭矩不得超过上扣扭矩下限值的60%，ϕ103mm科学钻探铝合金钻杆不得超过70%。

13）在处理遇阻、卡钻等复杂情况时，要严格按照所使用的钻具等级，合理制订技术参数。ϕ147mm科学钻探铝合金钻杆提拉不超过1500kN、扭矩不超过50kN·m，ϕ103mm科学钻探铝合金钻杆提拉不超过550kN、抗扭不超过21kN·m。

14）若钻井过程中发现H_2S、CO_2等有害介质，井队方应及时向项目部汇报，并采取相应处理措施，同时应在钻具使用卡片上填写清楚。

15）铝合金钻杆不得用于钻井设计范围之外的作业，钻井液中不得采用铁矿粉，控制pH≤10。

16）每套铝合金钻杆最后一次使用时，起钻前应充分循环两周以上；起钻过程中应使用软质刮泥器，以清除钻杆外表面的泥浆、原油等黏附物。

17）铝合金钻杆起钻下钻必须使用专用吊卡，严禁使用卡瓦。当特殊作业需要使用卡瓦时，必须选用专用无牙痕或微牙痕牙板，卡瓦牙板必须与管子尺寸相匹配，并将使用卡瓦的技术参数通报工程技术部。

18）钻杆盒内禁止铺设链条等尖硬物，应平铺厚木板或胶皮。

19）在铝合金钻杆的使用过程中，井队方应认真、如实填写单井钻具跟踪

卡，并在回收钻具时交与工程技术部。

20）井队要妥善保管好工程技术部配送的专用管架、吊绳和垫木等用具，铝合金钻杆使用完毕后，按照送井样式摆好回收。

7.2　铝合金钻杆的钻探工程应用

7.2.1　地质钻探铝合金钻杆工程应用

1. 地质钻探铝合金钻杆结构

1）铝合金钻杆主要技术指标。

钻杆材料：铝合金杆体+合金钢接头

钻杆外径：铝合金杆体 ϕ52mm×7.5mm

合金钢接头：ϕ68mm

抗拉力：≥280kN；

适用孔深：≥1000m

主要用途：1000m 以内浅地质岩心钻探（提钻取心）、工程地质勘查取样等。

2）铝合金钻杆结构特点。

铝合金钻杆采用钢接头连接方式，杆体材料为 7E04 铝合金 ϕ52mm×7.5mm 管材（见图 7-2），端部内外墩粗，以增大螺纹副抗拉、抗扭、抗弯曲强度并增加钻杆耐磨时间。

图 7-2　ϕ52mm 铝合金外丝钻杆结构示意图

钢接头外径 ϕ68mm，与常规钢接头（ϕ65mm）相比外径增大，并使用优质合金钢进行表面硬化处理，进一步提高了其孔内抗磨损性能。

与钢钻杆相比，为体现铝合金钻杆密度小、重量轻的特点，在实施钻探工程作业时，可增加现有钻探设备钻深能力，以减少钻机动力消耗、降低钻探施工难度、减轻工人劳动强度，故钻杆的定尺长度设计为 4.5m。

铝合金钻杆与钢接头采用双锥面（两锥面不等锥度）“冷装配”过盈连接，该连接形式可有效传递拉力、扭矩、弯矩及钢接头与钻杆间的压缩负载，且可以保持良好的密封性。

2. 铝合金钻杆强度校核

1）轴向拉力产生的拉应力。

$$s_t = \frac{F_t}{A} \tag{7-1}$$

式中 s_t——轴向拉力产生的拉应力，单位为 MPa；

F_t——轴向拉力，单位为 N；

A——钻杆截面积，单位为 mm^2。

铝合金抗拉力设计为 280kN，钻机液压缸最大起重力 120kN，计算得出其相关抗拉强度应为

设计值：$s_{t_1} = \dfrac{2.8\times10^5\text{N}}{\dfrac{\pi}{4}[(52\text{mm})^2-(37\text{mm})^2]} = 267\text{MPa}$

极限工况值：$s_{t_2} = \dfrac{1.2\times10^5\text{N}}{\dfrac{\pi}{4}[(52\text{mm})^2-(37\text{mm})^2]} = 115\text{MPa}$

2）扭矩产生的剪应力。

$$\tau = \frac{M_t r}{J} \tag{7-2}$$

式中 τ——扭矩产生的剪应力，单位为 Pa；

M_t——扭矩，单位为 N · m；

r——半径，单位为 m；

J——钻杆截面极惯性矩，单位为 m^4。

铝合金抗扭强度设计为 4kN · m，钻机低速最大扭矩 3.2kN · m，计算得出其相关剪应力应为

设计值：$\tau_1 = \dfrac{4000\text{N}\cdot\text{m}}{\dfrac{(0.052\text{m})^3\pi}{16}(1-0.712^4)} = 195\text{MPa}$

极限工况值：$\tau_2 = \dfrac{3200\text{N}\cdot\text{m}}{\dfrac{(0.052\text{m})^3\pi}{16}(1-0.712^4)} = 156\text{MPa}$

3）钻孔弯曲产生的弯曲应力。

$$s_b = \frac{\pi^2 EIf}{l^2 W} \tag{7-3}$$

式中 s_b——钻孔弯曲产生的弯曲应力，单位为 Pa；

E——纵向弹性模量，单位为 Pa；

I——管体横截面的轴惯性矩，单位为 m^4；

f——钻杆的挠度，单位为 m；

l——弯曲半波长度，单位为 m；

W——计算断面的抗弯断面模量，单位为 m^3。

设计孔深 1000m、钻孔口径 76mm、钻压 1t、转速 500r，根据式（7-3）计算得出钻孔弯曲产生的弯曲应力为

$$s_b=\frac{0.7\times10^5\times0.01\times\pi^2}{25.3^2}=0.28\text{MPa}$$

4）泥浆压力产生的拉应力。

当考虑此项影响时，近似认为外压力为零，内压力处处相等。根据厚壁筒理论（$\frac{R_0}{R_i}\geqslant1.2$），内压力产生的应力为

$$\begin{cases}s_r=\dfrac{pR_i^2}{R_0^2-R_i^2}-\dfrac{pR_i^2R_0^2}{(R_0^2-R_i^2)r^2}\\[2ex]s_q=\dfrac{pR_i^2}{R_0^2-R_i^2}+\dfrac{pR_i^2R_0^2}{(R_0^2-R_i^2)r^2}\end{cases}\tag{7-4}$$

式中 p——管柱内压力，单位为 MPa；

R_0——管柱外半径，单位为 mm；

R_i——管柱内半径，单位为 mm。

采用 BW-250 泥浆泵，最高泵压 7MPa，根据式（7-4）计算泥浆压力产生的拉应力为

$$\begin{cases}r=R_0\\[1ex]s_r=\dfrac{7\times37^2}{52^2-37^2}-\dfrac{7\times37^2}{52^2-37^2}=0\\[2ex]s_q=\dfrac{7\times37^2}{52^2-37^2}+\dfrac{7\times37^2}{52^2-37^2}=14.4(\text{MPa})\end{cases}$$

$$\begin{cases}r=R_0\\[1ex]s_r=\dfrac{7\times37^2}{52^2-37^2}-\dfrac{7\times52^2}{52^2-37^2}=-7(\text{MPa})\\[2ex]s_q=\dfrac{7\times37^2}{52^2-37^2}+\dfrac{7\times52^2}{52^2-37^2}=21.4(\text{MPa})\end{cases}$$

5）应力强度。

对于受拉段

$$s_i=\sqrt{(s_t+s_b)^2+s_r^2+s_q^2-[(s_t+s_b)s_r+s_rs_q+s_q(s_t+s_b)]+3\tau^2}\tag{7-5}$$

设计值：$\begin{cases} r=R_0 \\ s_i=426.5\text{MPa} \end{cases}$ $\begin{cases} r=R_i \\ s_i=426.7\text{MPa} \end{cases}$，极限工况值：$\begin{cases} r=R_0 \\ s_i=291.3\text{MPa} \end{cases}$ $\begin{cases} r=R_i \\ s_i=291.5\text{MPa} \end{cases}$

对于受压但没有失稳段

$$s_i=\sqrt{(s_t-s_b)^2+s_r^2+s_q^2-[(s_t-s_b)s_r+s_rs_q+s_q(s_t-s_b)]+3\tau^2} \tag{7-6}$$

设计值：$\begin{cases} r=R_0 \\ s_i=426.1\text{MPa} \end{cases}$ $\begin{cases} r=R_i \\ s_i=426.7\text{MPa} \end{cases}$，极限工况值：$\begin{cases} r=R_0 \\ s_i=291.1\text{MPa} \end{cases}$ $\begin{cases} r=R_i \\ s_i=291.3\text{MPa} \end{cases}$

6）安全系数。

$$n=\frac{s_{0.2}}{s_{\text{imax}}} \tag{7-7}$$

式中　n——安全系数；

$s_{0.2}$——屈服强度，单位为 MPa；

s_{imax}——截面最大应力强度，单位为 MPa。

应力强度由钻柱内壁到外壁是变化的，因此，应取其最大值为校核的依据。计算得出安全系数为

设计值：$n=\frac{585}{427}=1.37$

极限工况值：$n=\frac{585}{292}=2.01$

3. 铝合金钻杆钻进参数优选

（1）铝合金钻杆钻进参数特点及优化原则　铝合金钻杆不耐磨不适合高转速，亦不适合大钻压大扭矩的强力规程，因此铝合金钻杆钻进参数优化是非常必要的，钻进参数选择可遵循以下原则：安全第一；合理组合，取优化值下限；推荐井底动力；推荐聚晶金刚石复合片（PDC），合理选择优化参数的切削刃钻头。

（2）钻进过程中各参数间基本关系

1）钻压对钻速的影响。

当钻压小于门限钻压时，由于钻压过小，钻速相对较慢；随着钻压逐渐增大，钻速呈线性增加趋势；当钻压增大至一定值时，由于切削岩屑量过多，孔底净化不够充分，甚至切削具完全切入岩层，使孔底冷却和排粉条件恶化，钻

头、钻具磨损加剧，使钻进效果变差，钻速改进不明显[4]。

2）转速对钻速的影响。

钻速随转速的增大而增大，并呈指数关系变化。在软而塑性大、研磨性小的岩层中钻进时，钻速与转速基本呈线性关系，钻速随着转速的增加而加快；在中硬、研磨性较小的岩层中钻进时，钻速与转速的关系初期显现为线性关系，但随着转速的继续增大而逐渐减缓，转速越高，钻速增长越缓；在中硬、研磨性强的岩层中钻进时，钻速随着转速的增加而增大，但转速越高，钻速增长越缓，当超过某一极限转速时，钻速还有下降趋势。

3）切削具磨损对钻速的影响。

在钻进过程中，随着切削具的磨钝，切削具与岩石的接触面积逐渐变大，当钻压不变时，钻速必然下降，这是由于钻头唇面的比压下降所致，可归结为钻压的影响。

4）泥浆性能对钻速的影响。

泥浆性能对钻速的影响较为复杂，其密度、黏度、失水量和固相含量及其分散性都会对钻速均有不同程度的影响。泥浆密度决定了孔内液柱压力与地层孔隙压力之间的压差，孔底压差对刚破碎的岩屑有压持作用，会阻碍及时清除孔底岩屑，压差增大将使钻速明显下降；当其他条件一定时，泥浆黏度的增大，将使孔底压差增大，并使钻头获得的水功率降低，从而使钻速降低；实践表明，钻速随着固相含量的增加而降低，当固相含量相同时，分散性泥浆比不分散性泥浆钻速相对低，固相含量越少，两者差别越小。

钻速方程

$$V_{\mathrm{m}}=K(P-M)n^{\lambda}\frac{1}{1+C_2}C_{\mathrm{p}}C_{\mathrm{H}} \tag{7-8}$$

式中　V_{m}——钻速，单位为 m/h；

K——地层可钻性，与地层机械性质、钻头类型、泥浆性能等因素有关；

P——钻压，单位为 kN；

M——门限钻压，单位为 kN；

n——转速，单位为 r/min；

λ——转速指数，一般小于 1，其值与岩性有关；

C_2——钻头磨损系数；

C_{p}——压差影响系数；

C_{H}——水力净化系数。

（3）钻进工艺参数优选　钻进过程中的机械破岩参数主要包括钻压和转速。机械破岩参数优选的目的是寻求一定的钻压、转速参数配合，使钻进过程达到最佳的技术经济效果。

1）钻头选型（全面钻进为例）。

铝合金钻杆采取全面钻进、点取心的方式，地层以泥岩、粉砂岩及细砂岩为主。为此，选用三翼刮刀式 PDC 钻头（见图 7-3），其地层适用范围广、排屑槽大、出刃高且可快速钻进硬夹层和过渡层。

图 7-3 三翼刮刀式 PDC 钻头

2）PDC 钻头钻压、转速的选择。

在一定范围内，随着钻压和转速的增加，PDC 钻头的钻速相应增大，但由于地层硬度的不同，增大幅度不一。在软地层中钻进，钻头主要以剪切破碎岩石，增加转速可明显提高钻速，而钻压对钻速的影响则不怎么显著，而且钻压过大可能会导致钻头泥包，使钻速骤减，因此，最佳钻压应在较低的范围；在中等硬度地层中钻进时，钻头以剪切、预破碎、犁削等综合方式破碎岩石，因而，钻压对钻速的影响增大，而转速的增加对钻速影响已不太明显[4-5]。中等硬度地层研磨性相对较强，钻头切削磨损加快、使用寿命降低，因此，应将转速控制在较低的范围，同时，采用中等钻压、中等钻速，以获得最佳的使用效果。

PDC 钻头钻压、转速可通过以下公式进行计算

$$P = pm \tag{7-9}$$

式中 P——钻压，单位为 kN；

p——每颗切削具上应有的压力，单位为 kN；

m——切削具数量。

$$n = \frac{60v}{\pi D} \tag{7-10}$$

式中 n——钻头转速，单位为 r/min；

v——钻头线速度，单位为 m/s；

D——钻头外径，单位为 m。

PDC 钻头的钻压、转速优选值范围见表 7-7。

表 7-7　PDC 钻头的钻压、转速优选值范围

岩层性质	压力 p 推荐值/(kN/颗)	线速度 v 推荐值/$m \cdot s^{-1}$	钻压/kN	转速/$r \cdot min^{-1}$
软、弱研磨性	0.4~0.7	1.2~1.6	3.2~5.6	252~336
中硬、较小研磨性	0.8~1.8	0.9~1.2	6.4~14.4	189~252

3）泥浆泵量的选择。

一般，根据液流上返速度来确定金刚石复合片钻进所需的泵量

$$Q = 6vA \tag{7-11}$$

式中　Q——泵量，单位为 L/min；

v——环隙空间的上返流速，取 0.3~0.5m/s；

A——钻孔环空面积，单位为 cm^2。

计算得出所需泵量范围，由于铝合金钻杆外径与试验孔终孔口径小一个级配，因此，选取较低值即可满足钻进用泵量，如泵量过大不仅会增加工作泵压，容易冲蚀孔壁和岩心，还会过量抵消钻压，引起钻具的振动。

$$Q = \frac{6\pi(0.3 \sim 0.5)(9.1^2 - 5.2^2)}{4} = 78 \sim 132(\mathrm{L/min})$$

4. 组合钻柱设计

钻柱在孔内的工作条件十分复杂与恶劣，合理的钻柱设计是确保优质、快速、安全钻进的重要条件之一，因此钻柱设计更加重要。

1）钻柱尺寸选择。

钻柱尺寸的选择首先取决于钻头尺寸和钻机的提升能力，同时，还应考虑矿区的地质条件、钻孔结构、钻具情况等。钻头尺寸与钻柱尺寸配合见表 7-8。

表 7-8　钻头尺寸与钻柱尺寸配合　　（单位：mm）

钻头直径	钻铤规格	钢钻杆规格	铝合金钻杆规格
ϕ91	ϕ69×20.5	ϕ50×6	ϕ52×7.5

2）钻铤长度确定。

$$L_c = \frac{W_{max} S_n}{q_c K_f \cos\alpha} \tag{7-12}$$

式中　L_c——钻铤长度，单位为 m；

W_{max}——设计的最大钻压，单位为 kN；

S_n——钻铤安全系数，一般取 1.15~1.25；

q_c——每米钻铤在空气中的重力，单位为 kN/m；

K_f——冲洗液浮力系数；

α——钻孔顶角，单位为°。

设计为垂直孔，孔深 1000m（预设），优选钻压 10kN，泥浆密度 1.2g/cm³，钻铤单位长度重力 0.245kN/m，计算所需的钻铤长度为：

$$K_f = 1 - \frac{1.20}{7.85} = 0.847, L_c = \frac{1.2 \times 10}{0.245 \times 0.847} = 57.8(\text{m})$$

3）钻柱设计。

铝合金钻杆最大允许可下深度

$$L = \frac{F_a / K_f - L_c q_c}{q_p} \tag{7-13}$$

式中 L——最大允许可下深度，单位为 m；

F_a——最大安全静拉力，单位为 kN；

K_f——铝合金钻杆在冲洗液中的浮力系数，取 0.568；

L_c——钻铤长度，单位为 m；

q_c——每米钻铤在空气中的重力，单位为 kN/m；

q_p——单位长度钻杆在空气中的重力，单位为 kN/m。

$$F_a = \frac{0.9 F_y}{S_t} \tag{7-14}$$

式中 F_y——钻杆的最大允许拉伸力，单位为 kN；

S_t——铝合金钻杆安全系数，考虑钻杆磨损、动载及摩擦力以保证钻杆柱安全工作。

钻杆所受拉伸载荷一般取钻杆的最大允许拉伸力的 90%作为最大允许拉伸力。计算得出 ϕ52mm 铝合金钻杆最大允许可下深度为 10723m，完全可以满足 1000m 钻孔施工要求。

$$L = \frac{\dfrac{0.9 \times 585 \times \dfrac{\pi}{4}(52^2 - 37^2)}{2 \times 1000 \times 0.568} - 0.245 \times 57.8}{0.044} = 10723(\text{m})$$

4）组合钻柱设计方案。

为确保优质、高效、安全地钻进，综合考虑钻柱在孔内的工况、受力、变形协调以及充分验证铝合金钻柱性能等问题，采取组合钻柱的方式更为合理。

选择第一段钢钻杆接钻铤，选用规格 ϕ50mm×6mm，抗拉载荷 F_y = 406.4kN，拉力余量 MOP 为 200kN，计算最大长度。最大安全静拉载荷计算为

$$F_{a_1}=\frac{0.9F_y}{S_t}=\frac{0.9\times406.4}{2}=182.9(\text{kN})$$

$$F_{a_1}=0.9F_y-MOP=0.9\times406.4-200=165.8(\text{kN})$$

由上面计算可以看出，拉力余量法计算的最小，则第一段钢钻杆的许用长度为

$$L_1=\frac{F_{a_1}/K_f-L_c q_c}{q_{p_1}}=\frac{165.8/0.847-0.245\times57.8}{0.085}=2136(\text{m})$$

显然，全部使用钢钻杆也可达到设计孔深。那么，组合钻柱选择钢钻杆 26 根，长为 126m。

选择第二段铝合金钻杆接钢钻杆，选用规格 ϕ52mm×7.5mm，抗拉载荷 F_y = 613.4kN，拉力余量 MOP 为 200kN，计算最大长度。最大安全静拉载荷计算为

$$F_{a_2}=\frac{0.9\times613.4}{2}=276(\text{kN})$$

$$F_{a_2}=0.9\times613.4-200=352(\text{kN})$$

那么，第二段铝合金钻杆的最大允许长度为

$$L_2=\frac{F_{a_2}/K_f-L_c q_c-q_{p_1}L_{p_1}}{q_{p_2}}=\frac{276/0.568-0.245\times57.8-0.085\times126}{0.044}=10478(\text{m})$$

显然，第二段铝合金钻杆可满足设计孔深。

铝合金+钢制钻杆的组合钻柱设计方案见表 7-9。

表 7-9　铝合金+钢制钻杆的组合钻柱设计方案

序列	钻具规格/mm	长度/m	空气中重量/kN	泥浆中重量/kN
钻铤	ϕ69×20.5	57.8	14.16	11.99
钢钻杆	ϕ50×6.0	126.0	10.71	9.07
铝合金钻杆	ϕ52×7.5	816.2	36.10	20.51
主动钻杆	-	-	-	-
合计	-	1000.0	60.97	41.57

5. 卡点深度、钻杆允许扭转圈数计算

1）钻具卡点深度计算。

$$L=\frac{EA\Delta L}{F} \tag{7-15}$$

式中　L——卡点深度，单位为 m；

E——弹性模量，单位为 MPa；

A——钻柱截面面积，单位为 mm^2；

ΔL——在 F 作用力下，钻杆连续提升时平均伸长量，单位为 m；

F——钻杆连续提升时，超过自由悬重的平均拉力，单位为 N。

2）复合钻具卡点深度计算。

通过大于钻柱原悬重的实际拉力提升被卡钻具，量出钻柱总伸长量，一般取多次提拉伸长量的平均值。

计算该拉力下，每段钻具的绝对伸长（假设三种钻具）

$$\Delta L_1=\frac{L_1F}{EA_1};\Delta L_2=\frac{L_2F}{EA_2};\Delta L_3=\frac{L_3F}{EA_3}$$

分析 ΔL 与值 $\Delta L_1+\Delta L_2+\Delta L_3$ 的关系

若 $\Delta L \geqslant \Delta L_1+\Delta L_2+\Delta L_3$，说明卡点在钻头上；

若 $\Delta L \geqslant \Delta L_1+\Delta L_2$，说明卡点在第三段上；

若 $\Delta L \geqslant \Delta L_1$，说明卡点在第二段上；

若 $\Delta L \leqslant \Delta L_1$，说明卡点在第一段上。

计算 $\Delta L \geqslant \Delta L_1+\Delta L_2$ 的卡点位置：

先求 ΔL_3：$\Delta L_3=\Delta L-(\Delta L_1+\Delta L_2)$；

再求 L_3' 值：$L_3'=\dfrac{EA_3\Delta L_3}{F}$，该值为第三段钻具没卡部分的长度；

计算卡点位置：$L=L_1+L_2+L_3'$

其他情况可以类推。

式中 ΔL_1、ΔL_2、ΔL_3——自上而下三种钻具的伸长量，单位为 m；

ΔL——总伸长量，单位为 m；

F——当钻杆连续提升时，超过自由悬重的平均拉力，单位为 N；

L_1、L_2、L_3——自上而下三种钻具下孔长度，单位为 m；

A_1、A_2、A_3——自上而下三种钻具截面面积，单位为 mm^2；

L_3'——第三段没卡钻具部分的长度，单位为 m；

L——卡点深度，单位为 m。

3）钻杆允许扭转圈数。

$$N=KL \tag{7-16}$$

式中 N——钻杆允许扭转圈数，单位为圈；

K——扭转系数，单位为圈/m；

L——卡点深度，单位为 m。

$$K=\frac{0.5s_{s}}{pGnd_{p}} \tag{7-17}$$

式中　s_s——屈服强度，单位为 MPa；

G——剪切模量，单位为 MPa；

n——安全系数，取 1.5~2；

d_p——钻杆外径，单位为 m。

6. 地质钻探铝合金钻杆在若尔盖高原难进入地区铀矿钻探应用

1）矿区的基本概况。

若尔盖铀矿田位于四川省阿坝藏族羌族自治州若尔盖县境内（见图 7-4），处于川西北高寒高海拔地区和藏族聚集区。南距成都市 620km，距若尔盖县城 75km，北距兰州市 520km。若尔盖降扎铀矿全景如图 7-5 所示。

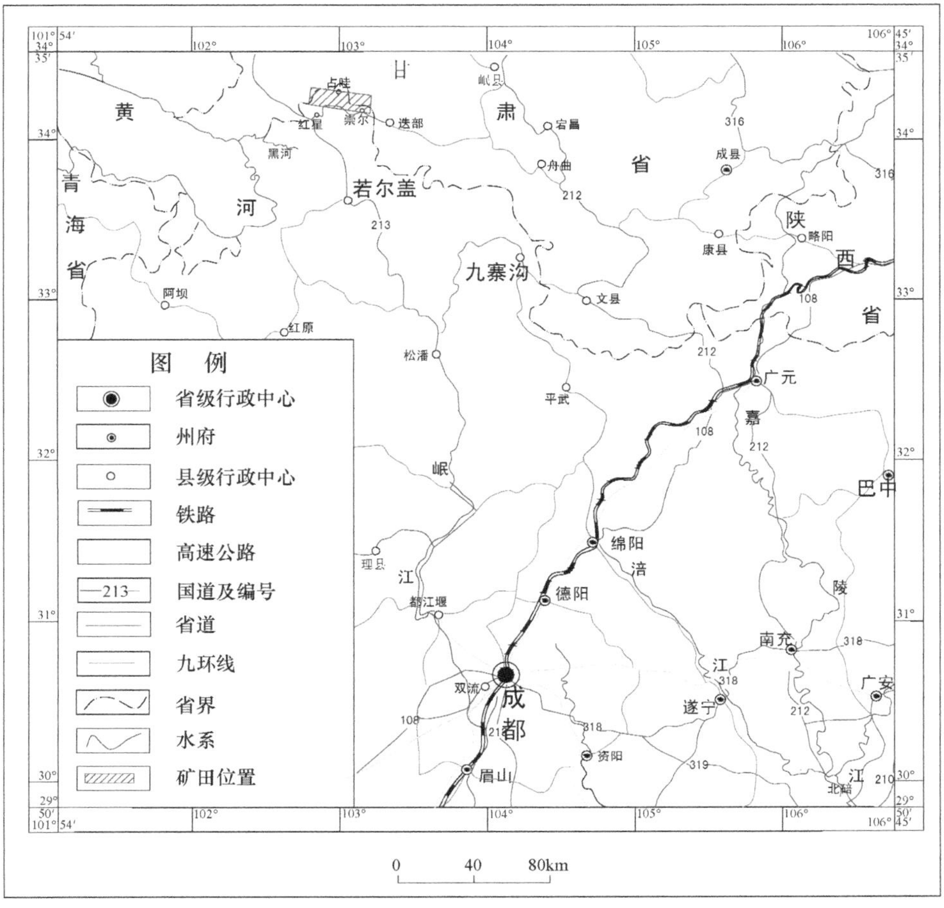

图 7-4　四川省若尔盖铀矿田交通位置图

图 7-5　若尔盖降扎铀矿全景

自然条件恶劣、钻探工作难度大。高海拔地区，地形差较大（见图 7-6），设备材料搬迁极为困难。勘探作业区位于海拔 3100～4060m 的川西北高原，山坡很陡，钻探设备整体无法搬运上山，只能将设备解体，靠人工（或爬犁、牦牛）进行搬运，劳动强度大，周期长如图 7-7 所示。

图 7-6　若尔盖降扎铀矿向阳西沟全景（山顶上为 ZH3-1 孔、下为 ZK4-1 孔）

图 7-7　搬运钻探泥浆材料

岩石破碎，地层复杂。若尔盖碳硅泥岩型铀矿为沉积变质岩，主要有碳质、硅质、粉砂质板岩等，以板岩和砂岩为主，含有少量硅岩、灰岩。构造发育，换层极为频繁，地层复杂，岩石破碎、漏失、事故多发，施工难度很大，时常会导致孔壁失稳，从而引起垮孔超径、埋孔、卡钻、漏失等。

以ZK0-12孔为例（见图7-8），该孔穿过的炭质板岩有二十余层，累积厚度达到近600m，炭质板岩单层最深厚度达到112m，岩石松散、破碎，遇水剥离、坍塌、超径；钻孔中段是含硅质岩层，致密坚硬；钻孔下部孔段是含矿层，岩性脆、碎，越破碎松散，矿体品位越高，岩层漏水越严重，大多为全漏失。

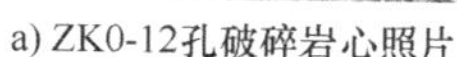

a) ZK0-12孔破碎岩心照片

b) ZK27-4孔粉状岩心照片

图7-8　ZK0-12孔岩心照片

矿区地层造斜能力强。若尔盖铀矿岩层倾角70°~80°，局部接近垂直，轴心夹角大多为15°~28°，造斜能力强，构造发育，换层频繁，加之岩石破碎，钻孔超径严重，孔斜问题十分突出[6]。

环境特殊，生态脆弱，对环保要求高。若尔盖铀矿处于川西北高原，属于高寒高海拔地区和藏族聚集区，生态脆弱，环境特殊。自1959—1993年的35年间，该地区已进行多次放射性勘探活动，对环境已经造成了一定的影响。一方面恶化了生态环境，另一方面也给当地藏族牧民赖以生存的生产、生活环境构成了一定的危害。当地政府和村民对该地区的生态治理要求特别强烈。

自2006—2014年，共施工钻孔22个，钻探进尺13824m，地质设计均为斜孔（倾角75°~78°），平均孔深628m，最大孔深956.685m，其中：孔深600~700m的钻孔3个；孔深700~800m的钻孔4个；孔深800~900m的钻孔2个；孔深大于900m的钻孔3个。

2）使用铝合金钻杆的必要性。

鉴于该地区的实际情况，环境保护对施工的要求和对修路的限制，致使钻机设备及钻杆管材的搬迁成为一大问题，质量高的钢制钻杆的矿区内部运输十分困难，工人的劳动强度很大。为此，为寻求轻型简捷的钻探器材配置，使用铝合金钻杆，对减轻钻杆钻具的搬迁难度和钻机的钻进负荷、提高起钻下钻速度具有重大的意义。

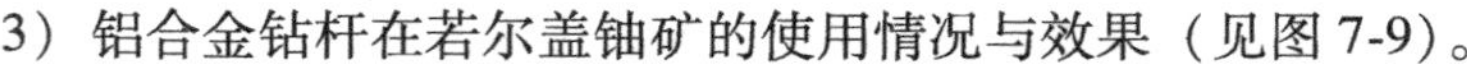
3）铝合金钻杆在若尔盖铀矿的使用情况与效果（见图 7-9）。

图 7-9　若尔盖铀矿的铝合金钻杆

使用条件：若尔盖铀矿勘探区，选择的钻探设备主要为 XY-5 立轴钻机、BW-320 泥浆泵、SGX-17 直斜两用钻塔。钻孔均为斜孔。

使用基本情况：在 ZK3-1 钻孔，自孔深 251.02m 开始使用铝合金钻杆，采用“主动钻杆+铝合金钻杆+钢钻杆+加重钻杆+钻具”组合，减压钻进。铝合金钻杆使用基本情况如下。

使用孔段：251.02~286.72m，373.3~813.13m；

使用回次数：200 回次；

使用总进尺：858.42m（包含多次用水泥浆堵漏扫水泥塞进尺、定向钻进中扫狗腿修孔进尺）；

使用最大深度：813.13m。

在 251.02~285.72m 孔段，地层比较破碎，软硬岩层变换频繁，采用 ϕ96mm 电镀金刚石钻头+ϕ96.5mm 扩孔器+ϕ89mm 岩心管+异径接头+ϕ94mm 稳定器+ϕ68mm 加重钻杆（3 立根）+ϕ50mm 钢钻杆（15 立根）+ϕ52mm 铝合金钻杆+主动钻杆，钻进正常，累计进尺 35.7m，机械钻速 1.3m/h。

在使用过程中，将大部分铝合金钻杆处在垂直孔段（最大孔斜 1.8°）或套管内，传递扭矩和拉力环境较好，在弯曲状态下传递扭矩和承受拉力的性能未得到充分的验证。

7.2.2　科学钻探铝合金钻杆工程应用

结合松辽盆地资源与环境深部钻探工程，探索铝合金钻杆应用技术，完成科学钻探用 ϕ147mm 规格特制铝合金钻杆野外试验对比工作量 500m，总结钻探工艺方法。为此，铝合金钻杆通过松科二井的实际应用，将为我国进行超万米科学钻探积累技术和人才基础。

松辽松科二井超深井钻探工程，位于黑龙江省安达市南来乡六撮房村东南约 0.25km，本区地处松嫩平原，地势平坦，区内无山岭河流，无沼泡。井位 500m 范围内无油水井，南约 680m 为宋深 3 井。本井附近交通发达，位于 203 国道和 301 国道之间，西距 203 国道 5.5km，东距 301 国道 6.2km，东距 G10 绥满高速入口 7.6km，东距齐哈铁路曹家站 12km[7]。

在松辽松科二井超深井钻探工程实施过程中，采用长钻程、螺杆马达+转盘复合回转钻进工艺，主要通过提钻方式回收岩心（五开部分井段进行了绳索取心试验），在 ϕ311mm、ϕ216mm 井段实现了“同径取心、一径完钻”，实施了四筒联装单回次取心钻进超过 40m 作业。

铝合金钻杆结合松辽松科二井超深井钻探工程（见图 7-10），开展了工程应用，其井下工作量见表 7-10。进行的 ϕ147mm 规格铝合金钻杆野外第一次生产试验，下井 21 回次，累计进尺 233.13m，井下使用时间 634h（约 27 天），使用井段为 2966.11~3199.24m。进行的第二次生产试验，下井 8 回次，累计进尺 103.96m，井下使用时间 336h（约 14 天），使用井段为 4862.94~4963.05m。

表 7-10　铝合金钻杆井下工作量

试验时间	下井次数 回次	使用井段/m	使用时间/h	井径/mm	测井温度/ ℃	钻井液 pH 值
2015 年	21	2966.11~ 3199.24	634	311	110~116	>10
2016 年	8	4862.94~ 4963.05	336	216	170~172	>10

图 7-10　松辽松科二井铝合金钻杆工程应用

7.2.3 油气钻井铝合金钻杆生产应用

1. 铝合金钻杆（油气）钻井应用性能评价

铝钻杆的主要优点是密度小，方便运输使用，可有效减少本身重量带来的能耗，加深钻机的钻探深度。铁合金、铝合金和钛合金三种合金性能对比见表 7-11。

表 7-11 三种合金性能对比

材料	密度/$g \cdot cm^{-3}$	弹性模量/10^4MPa	剪切模量/10^4MPa	泊松比	热膨胀系数/$10^{-6} \cdot ℃^{-1}$	比热容/$J \cdot kg^{-1}℃^{-1}$
铁合金	7.85	21.0	7.9	0.27	11.4	500
铝合金	2.78	7.1	2.7	0.30	22.6	840
钛合金	4.54	11.0	4.2	0.28	8.4	460

（1）材料比强度　铝合金具有很好的拉伸强度。例如，均匀的钢丝具有最大值悬挂深度约 8km（26000ft），铝合金钻杆的悬挂深度可高达 34km（111000ft）。

（2）耐交变弯曲和动态应力　交替钻杆中的弯曲应力与材料的弹性模量成正比。

（3）耐腐蚀性能　铝合金相对于钛合金与铁合金的耐腐蚀分析的主要类型是腐蚀磨损。除了硫化氢，铝合金钻杆的腐蚀主要取决于钻井液成分、侵蚀性及钻柱所在的流体的温度等。根据铝合金钻杆的腐蚀研究已经得出以下结论。

1）钻井液的 pH 值对铝合金钻杆腐蚀过程有明显的影响。在 pH 为 7.0~9.5 时腐蚀很小，但是当 pH 超过 10.5 时腐蚀明显增加。

2）高温下铝合金钻杆腐蚀加剧。

3）氧化膜可以保护铝合金钻杆不被腐蚀，但是在钻井作业中高固体含量的研磨钻井液可能破坏氧化膜，加快钻杆腐蚀。

4）在 H_2S 含量较高的高速钻井作业测试中，铝合金钻杆具有表现出高的耐腐蚀性，这表明铝合金钻杆在油、气和钻井泥浆介质中具有良好的应用前景。

5）保护铝合金钻杆免受腐蚀的主要方法是在泥浆中加入腐蚀抑制剂，应用较为广泛的是多磷酸钠和磷酸盐的稳定抑制剂。

2. 铝合金钻杆的设计及应用

在俄罗斯，铝合金钻杆已经用于勘探钻井 30 多年。铝合金钻杆最初是为了降低偏远地区钻探输送钻井设备的劳动量，后被广泛应用于勘探钻井。

目前在俄罗斯使用三种类型的合金（D16T、1953T1和AK4-1T1）制造铝合金钻杆。使用最广泛的材料是D16T；1953T1合金用于高强度铝合金钻杆；AK4-1T1合金用于160℃（320°F）以上的使用环境。

俄罗斯工业制造的五种标准尺寸铝合金钻杆：

1）ϕ24mm铝合金钻杆，壁厚4.5mm或8.0mm，长度1.3m。

2）ϕ34mm铝合金钻杆，壁厚6.5mm或11.0mm，长度1.3m或2.9m。

3）ϕ42mm铝合金钻杆，壁厚7.0mm或14.0mm，长度4.3m。

4）ϕ54mm铝合金钻杆，壁厚9.0mm或16.0mm，长度4.4m。

5）ϕ71mm铝合金钻杆，壁厚8.0mm，长度6.2m。

在各个地区的铝合金钻杆和钢合金比较试验中，铝合金钻杆显示出更好的性能。例如，ϕ54mm的铝合金钻杆比同类型的钻杆钻孔深度增加500m。此外，穿透率提高了15%~30%，时间减少了11%~15%。

基于钻杆材料的物理和机械性质来设计更有效的阻尼，控制钻头/钻柱系统中的振动。与钢相比，铝合金具有高的吸收和消散弹性振动能的能力，俄罗斯进行的研究表明，所有类型的铝合金钻杆具有大致相等的吸收弹性振动能量的能力，厚壁铝合金钻杆比钢制钻杆高约50%的阻尼能力，具有铰接接头的铝合金钻杆比刚性连接的铝合金钻杆的阻尼系数低30%~35%。

3. 钻杆材料成分与性能

钻杆材料的基本要求是高比强度、最佳弹性模量和剪切，耐腐蚀、耐磨性好。铝合金钻杆的成分见表7-12。其中，Al-Cu-Mg合金应用最广泛，除用于铝合金钻杆制造之外，还广泛用于航空和航天工业、造船等中具有关键重要性的承载结构。添加镍的Al-Cu-Mg-Si-Fe合金性质类似于Al-Cu-Mg合金，在高温下，由于存在具有Ni和Fe的相，加入添加剂的合金可以减少强度的损失。具有不同含量合金元素的Al-Zn-Mg合金是制造钻杆的最佳材料。与前两种系统的合金相比，这种类型的合金有高30%的屈服点。表7-13总结了上述铝合金材料的物理和力学性能。

表7-12　铝合金钻杆的化学成分

型号	合金体系	基础添加剂（质量分数,%）	杂质最大含量（质量分数,%）
D16T	Al-Cu-Mg	Cu 3.8~4.9 Mg 1.2~1.8 Mn 0.3~0.9	Fe 0.5 Si 0.5 Zn 0.3 Ti 0.1 Ni 0.1 其他 0.1

（续）

型号	合金体系	基础添加剂（质量分数,%）	杂质最大含量（质量分数,%）
AK4-1T1	Al-Cu-Mg-Si-Fe	Cu 1.9~2.5 Mg 1.4~1.8 Fe 0.3~0.8 Ni 0.8~1.3 Si 0.8~1.4 Ti≤0.1	Zn 0.3 Mn 0.2 其他 0.1
1953T1	Al-Zn-Mg	Zn 5.5~6.0 Mg 2.4~3.0 Cu 0.4~0.8 Mn 0.1~0.3 Cr 0.1~0.2 Ti≤0.1	Fe 0.2 Si 0.2 其他 0.1

表 7-13　不同型号铝合金材料的物理和力学性能

参数		型号		
		D16T	AK4-1T1	1953T1
屈服点/MPa		330	350	490
拉伸强度/MPa		450	410	540
硬度/HBR		120	130	120~130
伸长率（δ）（%）		11	12	7
端口收缩率（%）		20	26	15
密度/g·cm^{-3}		2.8	2.8	2.8
弹性模量/10^5MPa	E（拉伸弹性模量）	0.72	0.73	0.70
	G（剪切弹性模量）	0.26	0.275	0.275
泊松比		0.33	0.31	0.31
热系数/(10^{-6}/℃)		22.5	23.8	23.8
最大耐温/℃		160	220	110

4. 铝合金钻杆的腐蚀与防护措施

铝合金钻杆的腐蚀由一系列复杂的物理和机械特性决定，这些特性直接决定了在钻井和油气生产操作中典型的侵蚀性介质影响钻杆的电化学过程基本参数。当在某些条件下存储时，腐蚀还可能损坏钻杆。钻杆腐蚀性类型不同，腐蚀的具体类型与材料、组成、腐蚀程度、腐蚀时间、载荷和温度有关。具体腐蚀类型可分为以下几种：一般腐蚀、层腐蚀、晶间腐蚀、接触腐蚀和腐蚀开裂。

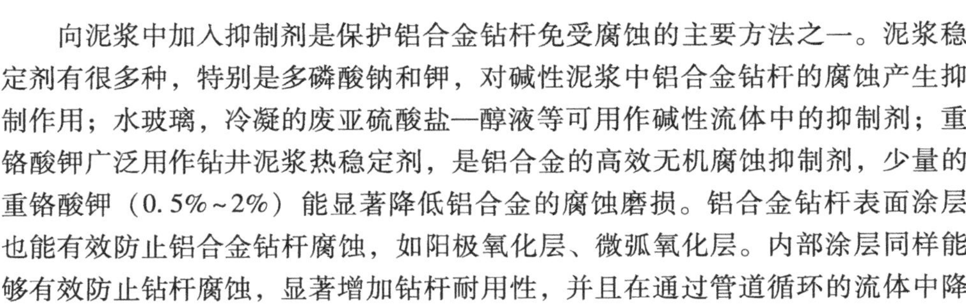

向泥浆中加入抑制剂是保护铝合金钻杆免受腐蚀的主要方法之一。泥浆稳定剂有很多种，特别是多磷酸钠和钾，对碱性泥浆中铝合金钻杆的腐蚀产生抑制作用；水玻璃，冷凝的废亚硫酸盐—醇液等可用作碱性流体中的抑制剂；重铬酸钾广泛用作钻井泥浆热稳定剂，是铝合金的高效无机腐蚀抑制剂，少量的重铬酸钾（0.5%~2%）能显著降低铝合金的腐蚀磨损。铝合金钻杆表面涂层也能有效防止铝合金钻杆腐蚀，如阳极氧化层、微弧氧化层。内部涂层同样能够有效防止钻杆腐蚀，显著增加钻杆耐用性，并且在通过管道循环的流体中降低了液压损失。

7.3　铝合金钻杆技术经济性分析

与钻井相关的技术和经济参数很大程度上取决于钻柱的重量。对于相同的钻机钩载能力，完成钻井作业时大钩累积行程时间与功率消耗成正比。同时，功率消耗取决于钻柱组合各部分的重量分布以及总重量。钻柱重量是钻杆材料密度、尺寸和井深的函数。由于钻柱在通常充满钻井泥浆的井中作业，钻杆受到泥浆的浮力作用，从而减轻了钻机负载的钻杆重量[7]。以下系数用于计算此重量减少

$$k=\frac{\rho_m-\rho_1}{\rho_m} \tag{7-18}$$

式中　k——钻井液浮力系数；

ρ_m——钻杆材料密度，单位为 g/cm^3；

ρ_1——钻井液密度，单位为 g/cm^3；

根据式（7-18），铝合金钻杆在密度为 $1.2g/cm^3$，钻井液中的浮力系数为 0.57，而钢钻杆的为 0.85，这意味着铝合金钻柱在密度为 $1.2g/cm^3$ 钻井液中几乎减掉了其一半的重量，而钢钻柱仅减重 15%。为评价铝合金钻杆的技术经济效益，科拉 SG-3 超深井进行了大量的现场试验（Aquatic Company and Maurer Engineering Inc.，1999），试验使用了类似的钻机和配套设备及同一钻探公司人员，用铝合金钻杆代替钢钻杆之后，试验确定了起钻下钻操作时间缩短的准确值（见表 7-14、表 7-15），试验表明：铝合金钻杆的使用可显著降低起钻下钻操作的功耗。

鉴于柴油（或电能）和润滑油、钻井绳、刹车片等钻机备件的消耗与功耗成正比，毫无疑问，在钻井过程中使用铝合金钻杆可节省钻探材料和施工时间。此外，由于铝合金钻杆表面的特定特性，其液压阻力也比钢钻杆低 15%~25%，能够提高钻井效率，降低液压损失和成本。

表 7-14　铝合金钻柱和钢钻柱的起钻时间对比　　　　（单位：s）

操作类型	钢钻柱 滑车装绳（5×6）		铝合金钻柱 滑车装绳（3×4）			平均值		差值
	51 号井	189 号井	181 号井	185 号井	190 号井	钢钻柱	铝钻柱	
二速	-	108.9	67.2	65.9	68.9	108.9	67.3	41.6
三速	-	65.7	43.3	42.8	42.9	65.7	43.0	22.7
四速	49.7	45.5	29.8	28.1	28.8	45.7	28.9	16.8
钻柱卡座	3.6	2.2	3.0	2.9	2.8	2.9	2.9	0
立根靠塔	35.8	29.7	19.4	21.0	21.7	32.7	20.7	12.7
立根摘提引	5.3	5.9	7.6	6.0	6.1	5.6	6.6	-1.0
总计								92.8

表 7-15　铝合金钻柱和钢钻柱的下钻时间对比　　　　（单位：s）

操作类型	钢钻柱 滑车装绳（5×6）		铝合金钻柱 滑车装绳（3×4）			平均值		差值
	51 号井	189 号井	181 号井	185 号井	190 号井	钢钻柱	铝钻柱	
立根摘提引	6.5	4.7	5.7	5.6	6.5	5.7	5.9	-0.2
提吊卡加立根	30.7	30.4	22.3	26.6	24.2	30.5	24.4	6.1
卸卡瓦	1.4	-	1.5	1.1	-	1.4	1.3	0.1
下钻	24.8	20.7	15.9	19.1	19.3	22.7	18.1	0.1
吊卡到井口	5.2	3.7	2.4	2.7	3.2	4.5	4.1	0.4
总计								6.5

7.4　铝合金钻杆技术展望与建议

虽然铝合金钻杆表现出优异的技术优势，然而深入剖析现阶段铝合金钻杆技术的不足，是实现设计制造长寿命、高可靠性、高耐磨性铝合金钻杆的必要前提和重要基础。目前，铝合金钻杆技术的薄弱之处为以下 3 个方面：

1. 硬度因素

铝合金钻杆的材料硬度较低，大约是钢钻杆的 1/2~2/3 倍，在钻进过程中铝合金钻柱与井筒摩擦磨损频繁，导致钻杆偏向磨损且易产生划痕和压痕等损伤，使钻具承载力降低，加大了井内事故隐患产生的概率。在苏联 СГ-3 科学超

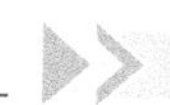

深井中，曾做过一项统计表明：在井深 7200~11500m 井段，铝合金钻杆的平均使用寿命是钢钻杆的 1/2~4/5 倍，这与二者间的自身硬度差别十分吻合；同时，这也预示钻杆磨损对钻井安全影响至关重要[8]。

2. 热稳定性因素

一般来讲，正常的地温梯度为 3℃/100m，随着井深的不断增加，地温持续升高，深井、超深井井底温度将达到 300℃左右，因铝合金钻杆在高温条件下具有力学性能衰减的特性，开展耐高温铝合金钻杆的研究已迫在眉睫，以解决井内高温带来的难度更大、要求更高的钻井难题。俄罗斯乌拉尔联邦大学设计了一种适应 SLM 独特成型特性的新型耐热 Al-Fe-Ni 合金，室温下硬度可达到铸态合金的 2~3 倍，在 300℃下仍然表现出良好的热稳定性[8-9]。

3. 腐蚀因素

铝合金与其他金属一样，也面临着严重的腐蚀问题。在自然条件下，铝合金表面容易形成一层厚约 4nm 的自然氧化膜，该膜多孔、不均匀难以抵抗恶劣环境的腐蚀，从而导致腐蚀失效[10]。在钻井过程中，所使用的低固相、无固相、水基和油基等不同的泥浆体系中含多种有机和无机添加剂，添加剂在井内高温高压的作用下具有较强的腐蚀性；同时，钻柱还将承受自重带来较大的拉伸应力，加之其与井壁的摩擦磨损，复杂的服役工况条件使铝合金钻杆极易发生腐蚀失效。

为此，在我国铝合金钻杆初步形成系列化的背景下，高温环境下铝合金钻杆性能研究的重要性格外凸显，不仅是为了实现铝合金钻杆技术的优化，设计制造出长寿命、高可靠性、高耐磨性铝合金钻杆。同时，也是为了满足我国国土资源科学和技术发展规划中提出实施的万米科学深钻计划，提供理论支撑和技术支持。

参 考 文 献

[1] 全国石油天然气标准化技术委员会. 石油天然气工业 铝合金钻杆：GB/T 20659—2017 [S]. 北京：中国标准出版社，2017.

[2] 全国石油天然气标准化技术委员会. 石油天然气工业 钻柱设计和操作限度的推荐作法：GB/T 24956—2010 [S]. 北京：中国标准出版社，2010.

[3] 石油钻井工程专业标准化委员会. 钻柱设计和操作限度的推荐作法：SY/T 6427—1999 [S]. 北京：国家石油和化学工业局，1999.

[4] 赵金洲，张桂林. 钻井工程技术手册 [M]. 3 版. 北京：中国石化出版社，2017.

[5] 孙建华，梁健，王立臣，等. 深部钻探铝合金钻杆开发应用 [J]. 探矿工程（岩土钻掘

工程)，2016，43（04）：34-39.

［6］孙澜江，张抒夏，杨睿，等. 铝合金钻杆在国内外的研究及现场应用［J］. 西部探矿工程，2020，32（10）：49-52.

［7］梁健. 科学超深井铝合金钻杆优化设计与腐蚀防护工艺［D］. 北京：中国地质大学（北京），2021.

［8］鄢泰宁，薛维，卢春华. 铝合金钻杆的优越性及其在地探深孔中的应用前景［J］. 探矿工程（岩土钻掘工程），2010，37（02）：27-29.

［9］兰凯，侯树刚，闫光庆，等. 国外轻质高强度钻杆研究与应用［J］. 石油机械，2010，38（04）：77-81.

［10］赵富胜. 我国铝合金钻杆的应用前景展望［J］. 有色金属加工，2020，49（05）：9-11+20.